Lecture Notes in Mathematics

Edited by A. Dold and B. Eckmann

826

Philippe G. Ciarlet
Patrick Rabier

Les Equations de von Kármá

Springer-Verlag
Berlin Heidelberg New York 1980

Auteurs

Philippe G. Ciarlet
Patrick Rabier
Analyse Numérique, Tour 55 – 65
Université Pierre et Marie Curie
4, Place Jussieu
75230 Paris Cédex 05
France

AMS Subject Classifications (1980): 35B32, 35G30, 41A60, 73C50, 73H05

ISBN 3-540-10248-5 Springer-Verlag Berlin Heidelberg New York
ISBN 0-387-10248-5 Springer-Verlag New York Heidelberg Berlin

CIP-Kurztitelaufnahme der Deutschen Bibliothek
Ciarlet, Philippe G.:
Les équations de von Kármán / Philippe G. Ciarlet; Patrick Rabier. – Berlin, Heidelberg, New York: Springer, 1980.
(Lecture notes in mathematics; Vol. 826)
ISBN 3-540-10248-5 (Berlin, Heidelberg, New York)
ISBN 0-387-10248-5 (New York, Heidelberg, Berlin)
NE: Rabier, Patrick:

Printing and binding: Beltz Offsetdruck, Hemsbach/Bergstr.
2141/3140-543210

PREFACE

Ces Notes correspondent à un cours de 3ème Cycle du D.E.A. d'Analyse Numérique de l'Université Pierre et Marie Curie. Ce cours a été enseigné à l'Ecole Normale Supérieure pendant les années scolaires 1978-1979 et 1979-1980.

Les équations de von Kármán, qui constituent un modèle mathématique de l'équilibre d'une plaque "mince", ont été proposées par T. von Kármán en 1910 (Festigkeitsprobleme im Maschinenbau, *Encyklopädie der Mathematischen Wissenschaften*, Vol. IV/4, C, pp. 311-385, Leipzig, 1910). Elles se caractérisent par leur *nonlinéarité* d'une part et par leur aspect *bi-dimensionnel* d'autre part, en ce sens que les inconnues s'expriment en fonction de *deux* variables seulement (les coordonnées des points de la surface moyenne de la plaque).

Dans le premier chapitre (qui reprend en le détaillant un article du premier auteur), on montre comment on peut *justifier* les équations de von Kármán à partir d'un modèle *tri-dimensionnel* d'élasticité non linéaire. La méthode consiste à reconnaître ces équations comme le premier terme d'un développement asymptotique d'une solution du modèle tri-dimensionnel.

Dans le second chapitre, on commence l'analyse des *propriétés* de ces équations: *Existence* d'une solution ; *unicité ou multiplicité* des solutions ; étude de la *bifurcation* par la méthode de Lyapunov-Schmidt ; mise sous la *forme "canonique"* : Trouver $u \in V$ tel que

$$(*) \qquad u - \lambda L u + C(u) = F,$$

où l'inconnue u représente la déflexion verticale des points de la surface moyenne ω de la plaque et où V est un espace de Hilbert $\left(V = H_0^2(\omega)\right)$, λ un paramètre réel, $L : V \rightarrow V$ un opérateur linéaire compact symétrique, $C : V \rightarrow V$ un opérateur "cubique" compact, et F un élément donné de V. Les résultats de ce chapitre ne sont pas essentiellement nouveaux ; on a simplement cherché à reprendre, de façon aussi complète et aussi "ordonnée" que possible (et aussi avec quelques extensions) divers résultats "épars" dans la littérature.

Dans le troisième chapitre, on effectue une étude "fine" des solutions de l'équation (*) au voisinage d'un point de bifurcation de l'équation correspondant à $F=0$. Appliquant à cet effet la méthode récemment introduite par le second auteur dans sa thèse a propos de problèmes non linéaires plus généraux, on établit notamment l'existence d'un et un seul *point de retournement* pour l'équation correspondant à un second membre non nul (mais suffisamment petit).

Pour la commodité des lecteurs, les principales notations, définitions et propriétés utilisées par la suite à propos des espaces de Sobolev sont rappelées dans une Annexe située en fin d'ouvrage.

Les auteurs remercient vivement S. Kesavan, qui a suggéré diverses améliorations du Chapitre 2, ainsi que Mesdames H. Bugler et M. Dampérat pour une réalisation matérielle particulièrement rapide et soignée.

Juin 1980

TABLE DES MATIÈRES

CHAPITRE 1

ETABLISSEMENT DU MODELE DE VON KÁRMÁN A PARTIR D'UN MODELE NON LINEAIRE D'ELASTICITE TRIDIMENSIONNELLE

1.1. ÉTABLISSEMENT DU MODÈLE TRIDIMENSIONNEL

ASPECTS GEOMETRIQUES

Dans la suite, Ω désigne un ouvert borné de $\mathbb{R}^3$ et

(1.1-1) $$\phi : \bar{\Omega} \longrightarrow \mathbb{R}^3,$$

une application. Il est toujours possible et il sera commode pour nous de poser pour $x \in \bar{\Omega}$:

(1.1-2) $$\phi(x) = x + u(x).$$

Dans l'espace à trois dimensions rapporté à un repère orthonormé (e_1, e_2, e_3), la situation peut se visualiser de la façon suivante (fig. 1.1-1):

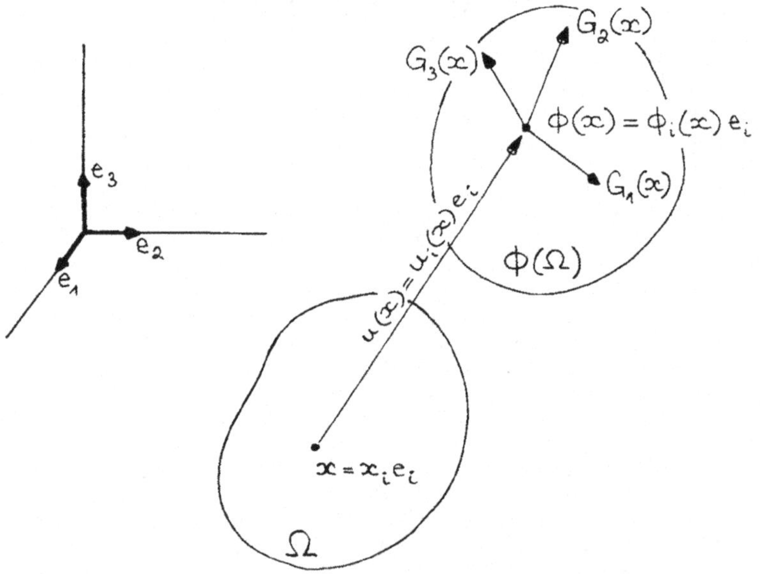

fig. 1.1-1

Remarque 1.1-1 : Dans la pratique, $\bar{\Omega}$ sera l'espace occupé par le solide dans la configuration initiale (i.e. sans déformation). ■

Pour $x \in \Omega$, on définit les vecteurs :

(1.1-3) $$G_i(x) = \partial_i \phi(x) \quad 1 \leq i \leq 3.$$

Remarque 1.1-2 : En tout point $x \in \Omega$ où les trois vecteurs $G_i(x)$ sont linéairement indépendants, l'espace tangent à la variété $\phi(\Omega)$ au point $\phi(x)$ (i.e. l'espace vectoriel engendré par les vecteurs $G_i(x)$) est de dimension 3 et peut être identifié à $\mathbb{R}^3$ ce qui revient à dire que la matrice $(\partial_i \phi_j(x))$ qui représente l'application linéaire $D\phi(x)$ dans la base (e_1,e_2,e_3) est une matrice inversible. ■

Calcul de la première forme fondamentale (ds^2). Soit Δx un "accroissement" quelconque de $x \in \Omega$. Par la formule des accroissements finis, on a :

$$\phi(x+\Delta x) - \phi(x) = \Delta x_i \partial_i \phi(x) + o(\|\Delta x\|).$$

Un calcul immédiat donne :

(1.1-4) $$\|\phi(x+\Delta x) - \phi(x)\|^2 = \Delta x_i \Delta x_j (\partial_i \phi(x), \partial_j \phi(x)) + o(\|\Delta x\|^2),$$

où $(\cdot,\cdot)$ désigne le produit scalaire euclidien dans $\mathbb{R}^3$ et $\|\cdot\|$ la norme associée. Si nous définissons le tenseur (G_{ij}) par :

(1.1-5) $$G_{ij}(x) = (G_i(x), G_j(x)),$$

la formule (1.1-4) s'écrit évidemment :

(1.1-6) $$\|\phi(x+\Delta x) - \phi(x)\|^2 = G_{ij}(x)\Delta x_i \Delta x_j + o(\|\Delta x\|^2).$$

La première forme fondamentale (ou ds^2) est la forme quadratique sur l'ouvert Ω définie par :

(1.1-7) $$ds^2 = G_{ij}\, dx_i dx_j,$$

ce qui signifie la chose suivante : l'espace tangent à Ω au point x étant canoniquement isomorphe à $\{x\} \times \mathbb{R}^3$, on associe à tout vecteur $\xi_x = (x,\xi) \in \{x\} \times \mathbb{R}^3$, de cet espace tangent la quantité :

(1.1-8) $$ds^2(\xi_x) = G_{ij}(x)\ \xi_i \xi_j \in \mathbb{R},$$

où $(\xi_i)_{i=1}^3$ sont les composantes de ξ dans la base (e_1,e_2,e_3).

Le tenseur G_{ij} défini par (1.1-5) est appelé *tenseur métrique* de la variété $\phi(\Omega)$ (en Mécanique : *tenseur des déformations de Green*). En tout point $x \in \Omega$, la première forme fondamentale est semi-définie positive et définie positive en tout point x où les vecteurs $G_i(x)$ sont linéairement indépendants. En effet, d'après (1.1-5) et (1.1-8) :

$$G_{ij}(x)\ \xi_i\xi_j = \left(\xi_i G_i(x), \xi_j G_j(x)\right) = \| \xi_i G_i(x) \|^2 \geq 0,$$

l'égalité ne pouvant avoir lieu que si $\xi = 0$ lorsque les vecteurs $G_i(x)$ sont linéairement indépendants.

Application : calcul de la longueur des courbes déformées. Soit C une courbe de classe $\mathcal{C}^1$ de l'ouvert Ω c'est-à-dire l'image de :

$$f : [t_0, t_1] \to \Omega,$$

qui est une application de classe $\mathcal{C}^1$. La longueur de la courbe C est par définition la quantité :

$$L(C) = \int_{t_0}^{t_1} \| f'(t) \| dt.$$

Si ϕ est supposée de classe $\mathcal{C}^1$, l'image de C, $\phi(C)$, est une courbe de classe $\mathcal{C}^1$ de $\phi(\Omega)$ puisqu'image de l'application de classe $\mathcal{C}^1$:

$$\phi \circ f : [t_0, t_1] \to \phi(\Omega),$$

appelée "courbe déformée" dont la longueur est (toujours par définition) :

$$L\{\phi(C)\} = \int_{t_0}^{t_1} \| (\phi \circ f)'(t) \| dt.$$

En explicitant la quantité à intégrer, on obtient :

$$L\{\phi(C)\} = \int_{t_0}^{t_1} \sqrt{G_{ij}\{f(t)\} f_i'(t) f_j'(t)}\ dt.$$

■

Calcul de l'élément de volume. Pour tout $x \in \Omega$, l'élément de volume $dv(x)$ au point $\phi(x) \in \phi(\Omega)$ se déduit de l'élément de volume dx par :

$$dv(x) = |G_1(x)\cdot\{G_2(x)\times G_3(x)\}|dx = |\text{dét } D\phi(x)|dx,$$

soit :

(1.1-9) $$dv(x) = |J(x)|dx,$$

avec

(1.1-10) $$J(x) = \text{dét } D\phi(x) = \text{dét } \{\partial_i\phi_j(x)\}$$

Si l'on pose :

(1.1-11) $$G = \text{dét } (G_{ij}),$$

on a la relation :

(1.1-12) $$|J| = \sqrt{G}\,.$$

En effet, grâce à (1.1-5), on voit que le tenseur $G_{ij}(x)$ représente la matrice de l'application linéaire ${}^tD\phi(x)\ D\phi(x)$ et donc par (1.1-10) et (1.1-11) :

$$G(x) = \{\text{dét } D\phi(x)\}^2 = J^2(x).$$

Finalement, on aboutit à la relation :

(1.1-13) $$dv(x) = \sqrt{G(x)}\ dx.$$

Remarque 1.1-3 : Pour des questions de compatibilité avec le point de vue mécanique, il est nécessaire que ϕ soit un difféomorphisme global de Ω sur $\phi(\Omega)$ et que ϕ préserve l'orientation (non interpénétrabilité de la matière). Une condition à imposer est donc que $J(x) > 0$ pour tout $x \in \Omega$; réciproquement, la condition $J(x) > 0$ entraîne que localement, ϕ est un difféomorphisme et préserve l'orientation mais cette seule hypothèse est insuffisante pour obtenir un résultat d'inversibilité globale. Nous reviendrons sur ce point ultérieurement (Théorème 1.2-2). ■

Variations de densité. Appelons $\rho_0(x)$ la densité de masse au point $x \in \Omega$ et $\rho(x)$ la densité de masse au point $\phi(x) \in \phi(\Omega)$. Dans ces conditions, l'élément de masse est

$$\rho_0(x)dx,$$

au point $x \in \Omega$ et :

$$\rho(x)dv(x),$$

au point $\phi(x) \in \phi(\Omega)$. La déformation s'effectuant sans changement de masse (i.e. sans transformation de la matière), on doit avoir pour tout $x \in \Omega$:

$$\rho_0(x)dx = \rho(x)dv(x),$$

ce qui, compte tenu de (1.1-13) fournit :

(1.1-14) $$\rho(x) = \frac{\rho_0(x)}{\sqrt{G(x)}}.$$

Remarque 1.1-4 : Il apparaît clairement sur (1.1-14) que le Jacobien J doit être non nul en tout point. En effet, en un point x où $J(x) = 0$, on a $G(x) = 0$ ce qui signifie que la densité de masse au point $\phi(x)$ est infinie, situation physiquement impossible. ■

Tenseur de déformation. Partons de l'expression :

$$\phi(x) = \{x_k + u_k(x)\}e_k,$$

pour $x \in \Omega$, qui donne par dérivation :

$$\partial_j\phi(x) = \{\delta_{jk} + \partial_j u_k(x)\}e_k,$$

et donc $\{(1.1-5)\}$:

(1.1-15) $$G_{ij}(x) = \delta_{ij} + \partial_i u_j(x) + \partial_j u_i(x) + \partial_i u_k(x)\partial_j u_k(x).$$

On pose par définition :

(1.1-16) $$\bar{\gamma}_{ij}(u) = \frac{1}{2}(\partial_i u_j + \partial_j u_i + \partial_i u_k \partial_j u_k),$$

de sorte que (1.1-15) s'écrit aussi :

(1.1-17) $$G_{ij} = \delta_{ij} + 2\bar{\gamma}_{ij}(u).$$

On appelle $(\bar{\gamma}_{ij}(u))$ le *tenseur de déformation de Green - Saint-Venant* (ou plus brièvement tenseur de déformation).

Remarque 1.1-5 : Dans le tenseur de déformation (1.1-16) apparaît une partie linéaire (par rapport au déplacement u) et une partie non-linéaire. La partie linéaire :

(1.1-18) $$\gamma_{ij}(u) = \frac{1}{2}(\partial_i u_j + \partial_j u_i)$$

est appelée *tenseur linéarisé de déformation* et intervient dans la théorie linéaire de l'élasticité. On peut également le considérer comme la dérivée à l'origine du tenseur de déformation $\bar{\gamma}$ (dérivée par rapport au déplacement, bien entendu). ■

Remarque 1.1-6 : Le tenseur de déformation $\bar{\gamma}(u)$ et le tenseur linéarisé de déformation $\gamma(u)$ sont des tenseurs *symétriques*, à savoir :

$$\bar{\gamma}_{ij}(u) = \bar{\gamma}_{ji}(u) \; ; \; \gamma_{ij}(u) = \gamma_{ji}(u).$$

Cette propriété importante sera fréquemment utilisée dans la suite. ■

Exercice : Soit τ_{ij} un champ de tenseurs symétrique défini sur Ω (i.e. : pour tout $x \in \Omega$, $(\tau_{ij}(x))$ est un tenseur symétrique). A quelle condition (nécessaire et suffisante) a-t-on :

$$\tau_{ij} = \gamma_{ij}(u),$$

pour un déplacement u ? ■

Exercice : Le même problème avec $\bar{\gamma}$ au lieu de γ a-t-il une réponse ? ■

ASPECTS MECANIQUES

Les aspects mécaniques du problème sont de deux sortes :

a/ Les équations d'équilibre,

b/ Les lois de comportement.

Les équations d'équilibre sont déduites de principes mécaniques généraux ne faisant pas intervenir la nature du matériau ; les lois de comportement dépendent du matériau considéré et traduisent les relations "contraintes-déformations" dont nous parlerons plus loin.

a) *Les équations d'équilibre.* On se place sur la configuration déformée $\phi(\Omega)$.

On suppose qu'en chaque point courant $X = X_i e_i$ de $\phi(\Omega)$ s'exerce une densité de forces volumiques $R(X)F(X)$ où pour tout $X \in \phi(\Omega)$, $R(X)$ représente la densité de masse au point X et où F est un champ de vecteurs défini sur $\phi(\Omega)$ (par exemple, si $F(X) = (0,0,-g)$ représente le champ de pesanteur terrestre, le champ $R(X)F(X)$ représente la densité de poids du solide déformé dans la position $\phi(\Omega)$). Les équations d'équilibre sont fournies par le principe mécanique suivant :

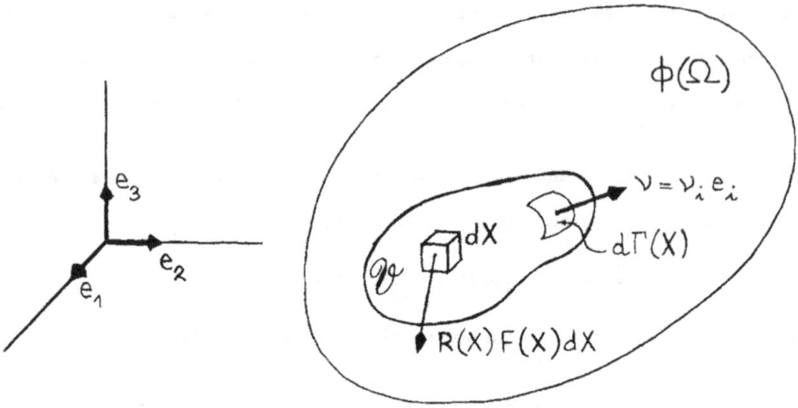

fig. 1.1-2

Principe : La configuration $\phi(\Omega)$ étant une configuration d'équilibre pour le solide, quel que soit le volume $\mathcal{V} \subset \phi(\Omega)$, le torseur des forces $R(X)F(X)dX$ est équivalent à un torseur de forces de surface de la forme :

(1.1-19) $$- T(X,\nu)d\Gamma(X),$$

où $d\Gamma(X)$ est l'élément de surface de la frontière $\partial\mathcal{V}$ de ce volume au point $X \in \partial\mathcal{V}$.

Remarque 1.1-7 : Ce principe se comprend mieux si l'on examine les forces extérieures qui agissent sur le volume $\mathcal{V}$: ce sont d'abord les forces de volume $R(X)F(X)$ et ensuite les forces exercées sur $\mathcal{V}$ par son complémentaire dans $\phi(\Omega)$. Le principe consiste à dire d'une part que ces dernières sont représentées par des actions de surface sur la frontière $\partial\mathcal{V}$ et d'autre part, que ces actions de surface ne dépendent que de leur point d'application $X \in \partial\mathcal{V}$ et de la direction normale à $\partial\mathcal{V}$ au point X. Il ne reste alors plus qu'à appliquer l'axiome fondamental de la statique qui exprime qu'en une position d'équilibre, la résultante et le moment résultant des forces extérieures sont nuls, pour obtenir le principe énoncé. ■

L'égalité entre torseurs signifiant l'égalité des résultantes et des moments résultants, le principe précédent se traduit par les identités

(1.1-20) $$\int_{\mathcal{V}} R(X)F(X)dX + \int_{\partial\mathcal{V}} T(X,\nu)d\Gamma(X) = 0,$$

(1.1-21) $$\int_{\mathcal{V}} R(X)\big(X \times F(X)\big)dX + \int_{\partial\mathcal{V}} X \times T(X,\nu)d\Gamma(X) = 0,$$

équations qui, traduites composante par composante, s'écrivent :

(1.1-22) $$\int_{\mathcal{V}} R(X)F_i(X)dX + \int_{\partial\mathcal{V}} T_i(X,\nu)d\Gamma(X) = 0,$$

(1.1-23) $$\int_{\mathcal{V}} R(X)\big(F_i(X)X_j - X_iF_j(X)\big)dX + \int_{\partial\mathcal{V}} \big(X_jT_i(X,\nu) - X_iT_j(X,\nu)\big)d\Gamma(X) = 0.$$

Les équations (1.1-22) montrent (par le théorème de Cauchy (cf. P. GERMAIN [1972])) que la dépendance par rapport au vecteur normal ν de l'application T est *linéaire*, c'est-à-dire que l'on peut écrire :

(1.1-24) $$T(X,\nu) = \Sigma_{ij}(X)\nu_j e_i,$$

soit encore :

(1.1-25) $$T_i(X,\nu) = \Sigma_{ij}(X)\nu_j.$$

Les Σ_{ij} représentent les composantes d'un tenseur appelé *"tenseur des contraintes de Cauchy"*.

Compte-tenu de (1.1-25), on peut écrire :

(1.1-26) $$\int_{\partial\mathcal{V}} T_i(X,\nu)d\Gamma(X) = \int_{\partial\mathcal{V}} \Sigma_{ij}(X)\nu_j d\Gamma(X) = \int_{\mathcal{V}} \mathrm{Div}\, \Sigma_i(X)dX,$$

où Σ_i est le vecteur :

$$\Sigma_i = \Sigma_{ij}\, e_j$$

et où Div représente la divergence par rapport aux variables X_j. Les équations (1.1-22) se traduisent alors par l'identité :

(1.1-27) $$\mathrm{Div}\, \Sigma_i + RF_i = 0,$$

soit :

(1.1-28) $$\frac{\partial \Sigma_{ij}}{\partial X_j} + RF_i = 0.$$

Les équations équivalentes (1.1-27)-(1.1-28) sont les *équations d'équilibre*.

A ce stade, nous n'avons pas encore utilisé les équations (1.1-23) ; elles vont nous servir pour établir la *symétrie* du tenseur Σ. En effet, (1.1-25) fournit :

$$\int_{\partial\mathcal{V}} \{X_j T_i(X,\nu) - X_i T_j(X,\nu)\} d\Gamma(X) =$$

$$= \int_{\partial\mathcal{V}} \{X_j \Sigma_{ik}(X) - X_i \Sigma_{jk}(X)\} \nu_k d\Gamma(X) =$$

$$= \int_{\mathcal{V}} \frac{\partial}{\partial X_k} (X_j \Sigma_{ik}(X) - X_i \Sigma_{jk}(X)) dX =$$

$$= \int_{\mathcal{V}} (\Sigma_{ij}(X) - \Sigma_{ji}(X)) dX + \int_{\mathcal{V}} (X_j \operatorname{Div} \Sigma_i(X) - X_i \operatorname{Div} \Sigma_j(X)) dX.$$

En utilisant (1.1-27) et les équations (1.1-23), on obtient :

$$\int_{\mathcal{V}} \{\Sigma_{ij}(X) - \Sigma_{ji}(X)\} dX = 0,$$

pour tout volume $\mathcal{V} \subset \phi(\Omega)$ et donc :

$$\Sigma_{ij} = \Sigma_{ji}.$$

Les équations d'équilibre sont exprimées en fonction des variables X_i de la configuration déformée $\phi(\Omega)$. Pour les rendre utilisables, on doit les écrire à partir des variables x_i de la configuration initiale. Pour cela, nous introduirons les vecteurs $G^i(x)$ tels que :

(1.1-29) $$(G^i(x), G_j(x)) = \delta_{ij},$$

où les vecteurs $G_j(x)$ sont définis par (1.1-3) (en d'autres termes, $\{G^i(x)\}$ est la base contravariante associée à la base covariante $\{G_i(x)\}$). Soient alors $N_i(x)$ les composantes covariantes du vecteur $\nu(X)$ (avec $X = \phi(x)$) dans la base contravariante $G^i(x)$, c'est-à-dire :

(1.1-30) $$\nu = \nu_i(X) e_i = N_i(x) G^i(x).$$

On définit le tenseur $\sigma_{ij}(x)$ $(x \in \Omega)$ appelé *second tenseur de Piola-Kirchhoff* par :

(1.1-31) $$\begin{cases} \Sigma_{ij}(X)\nu_j(X) e_i = \dfrac{1}{\sqrt{G(x)}} \sigma_{ij}(x) N_i(x) G_j(x), \\ X = \phi(x). \end{cases}$$

Reprenons alors l'équation (1.1-20) qui s'écrit grâce à (1.1-24) :

(1.1-32) $$\int_{\mathcal{V}} R(X) F(X) dX + \int_{\partial\mathcal{V}} \Sigma_{ij}(X) \nu_j(X) e_i d\Gamma(X) = 0,$$

et examinons d'abord la seconde intégrale. Avec (1.1-31) :

(1.1-33) $$\Sigma_{ij}(X)\nu_j(X)e_i = \frac{1}{\sqrt{G(x)}}\,\sigma_{ij}(x)N_i(x)\partial_j\phi_k(x)e_k = W_{ki}(x)N_i(x)e_k,$$

où :

(1.1-34) $$W_{ki}(x) = \frac{1}{\sqrt{G(x)}}\,\sigma_{ij}(x)\partial_j\phi_k(x), \quad 1 \leq i,k \leq 3.$$

Posons :

(1.1-35) $$W_k(x) = W_{ki}(x)G_i(x), \quad 1 \leq k \leq 3,$$

de sorte que par définition des vecteurs $G^j(x)$ et des composantes $N_i(x)$, la quantité $W_{ki}(x)N_i(x)$ n'est autre que :

$$\big(W_k(x),\nu(\phi(x))\big) = \big(W_k \circ \phi^{-1}(X),\nu(X)\big),$$

et, en reportant dans (1.1-33) :

$$\Sigma_{ij}(X)\nu_j(X)e_i = \big(W_k \circ \phi^{-1}(X),\nu(X)\big)e_k \;;$$

par conséquent :

$$\int_{\partial\mathcal{V}} \Sigma_{ij}(X)\nu_j(X)d\Gamma(X)e_i = \int_{\partial\mathcal{V}} \big(W_k \circ \phi^{-1}(X),\nu(X)\big)d\Gamma(X)e_k.$$

Pour $1 \leq k \leq 3$ fixé, la quantité à intégrer représente exactement le flux du champ de vecteurs $W_k \circ \phi^{-1}$ à travers la surface $\partial\mathcal{V}$; par suite, en appliquant la formule de Stokes :

$$\int_{\partial\mathcal{V}} \Sigma_{ij}(X)\nu_j(X)d\Gamma(X)e_i = \int_{\mathcal{V}} \mathrm{Div}\big(W_k \circ \phi^{-1}\big)(X)dX\; e_k.$$

On utilise alors l'expression $\mathrm{Div}(W_k \circ \phi^{-1})(X)$ par rapport aux variables x_i :

$$\begin{cases} \mathrm{Div}(W_k \circ \phi^{-1})(X) = \dfrac{1}{\sqrt{G(x)}}\,\partial_i\big(\sqrt{G(x)}\;W_{ki}(x)\big). \\ X = \phi(x), \end{cases}$$

Si $V = \phi^{-1}(\mathcal{V}) \subset \Omega$ on peut maintenant se ramener à la configuration initiale par changement du domaine d'intégration :

$$\int_{\mathcal{V}} \mathrm{Div}(W_k \circ \phi^{-1})(X)dX = \int_V \frac{1}{\sqrt{G(x)}}\;\partial_i\big(\sqrt{G(x)}\;W_{ki}(x)\big)dv(x)$$
$$= \int_V \partial_i\big(\sigma_{ij}(x)\partial_j\phi_k(x)\big)dx,$$

compte tenu de l'expression de $dv(x)$ et de $W_{ki}(x)$. Ceci fournit enfin :

(1.1-36)
$$\int_{\partial\mathcal{V}} \Sigma_{ij}(X)\nu_j(X)d\Gamma(X)e_i = \int_V \partial_i\left(\sigma_{ij}(x)\partial_j\phi_k(x)e_k\right)dx$$
$$= \int_V \partial_i\left(\sigma_{ij}(x)G_j(x)\right)dx.$$

Il nous reste à transformer la première intégrale de (1.1-32). Elle est beaucoup plus simple car le changement de domaine nous donne immédiatement :

$$\int_{\mathcal{V}} R(X)F(X)dX = \int_V R\left(\phi(x)\right)F\left(\phi(x)\right)dv(x),$$

soit, puisque $R\left(\phi(x)\right)$ est la densité de masse au point $X = \phi(x)$ que nous avons appelée $\rho(x)$:

$$\int_{\mathcal{V}} R(X)F(X)dX = \int_V \rho(x)F\left(\phi(x)\right)dv(x) = \int_V \rho_0(x)F\left(\phi(x)\right)dx,$$

avec l'expression (1.1-13) de $dv(x)$ et (1.1-14) de $\rho(x)$. Cette identité, jointe à (1.1-36) permet d'écrire l'équation (1.1-32) sous la forme :

$$\int_V \left\{\partial_i\left(\sigma_{ij}(x)G_j(x)\right) + \rho_0(x)F\left(\phi(x)\right)\right\}dx = 0,$$

pour tout volume $V \subset \Omega$ et on obtient dans la condition ponctuelle :

(1.1-37)
$$\partial_i\left(\sigma_{ij}(x)G_j(x)\right) + \rho_0(x)F\left(\phi(x)\right) = 0.$$

Cette équation, qui est la traduction exacte de l'équation d'équilibre dans la configuration initiale, n'est pas directement utilisable sans hypothèse supplémentaire : en effet, il y apparaît le terme $F\left(\phi(x)\right)$ où ϕ est le déplacement (inconnu !) alors que la donnée du problème est le champ de forces $f(x)$ exercé au point x dans la configuration initiale. Pour éliminer cette ambiguité, nous ferons l'hypothèse dite des *"forces mortes"* ("dead loading") qui suppose que la force exercée au point x et la force exercée au point $\phi(x)$ ont même sens et même intensité :

$$F\left(\phi(x)\right) = f(x),$$

pour tout $x \in \Omega$.

Remarque 1.1-8 : Un exemple de champ de forces vérifiant l'hypothèse des "forces mortes" est le champ de pesanteur terrestre. ■

Avec cette hypothèse, l'équation (1.1-37) prend la forme :

$$\partial_i\left(\sigma_{ij}(x)G_j(x)\right) + \rho_0(x)f(x) = 0. \tag{1.1-38}$$

Remarque 1.1-9 : La formule (1.1-31) définit sans équivoque le tenseur σ_{ij} : en effectuant le produit scalaire par e_k dans les deux membres de l'égalité, on obtient :

$$\Sigma_{kj}(X)\nu_j(X) = \frac{1}{\sqrt{G(x)}}\sigma_{ij}(x)N_i(x)\left(G_j(x),e_k\right), \tag{1.1-39}$$

et en prenant pour $\nu(X)$ le vecteur e_ℓ (auquel cas $\nu_j = \delta_{j\ell}$) on déduit en faisant le produit scalaire par G_p dans (1.1-30) :

$$N_p(x) = \left(G_p(x),e_\ell\right),$$

ce qui donne en reportant dans (1.1-39) :

$$\Sigma_{k\ell}(X) = \frac{1}{\sqrt{G(x)}}\ \sigma_{ij}\left(G_i(x),e_\ell\right)\left(G_j(x),e_k\right).$$

Par suite :

$$\Sigma_{k\ell}(X)e_\ell = \frac{1}{\sqrt{G(x)}}\left(G_i(x),e_\ell\right)\left\{\sigma_{ij}(x)\left(G_j(x),e_k\right)\right\}e_\ell.$$

Puisque les coefficients $\left(G_i(x),e_\ell\right)$ sont les coefficients de la matrice $D\phi(x)$, on voit que le terme :

$$\sigma_{ij}(x)\left(G_j(x),e_k\right),$$

n'est autre que le coefficient d'ordre (i,k) du tenseur :

$$\sigma(x)\,{}^tD\phi(x),$$

et on obtient finalement :

$$\sqrt{G(x)}\ \Sigma(X) = D\phi(x)\sigma(x)\,{}^tD\phi(x),$$

ce qui définit de façon équivalente le tenseur σ par :

$$\sigma(x) = \sqrt{G(x)}\ \left(D\phi(x)\right)^{-1}\ \Sigma\left(\phi(x)\right)^t\left(D\phi(x)\right)^{-1}. \tag{1.1-40}$$

et il apparaît clairement sous cette forme que la symétrie du tenseur σ découle de celle du tenseur Σ que l'on a précédemment établie. ■

Il nous reste enfin à mettre en évidence les *conditions de bord* associées aux équations d'équilibre.

Nous supposerons que la frontière $\Gamma = \partial\Omega$ de l'ouvert Ω est réunion de deux parties disjointes Γ_0 et Γ_1 et que le solide occupant $\overline{\Omega}$ dans la configuration initiale a un déplacement *imposé* sur Γ_0 (l'exemple le plus fréquent est celui où ce déplacement est *nul* sur Γ_0, ce qui correspond au cas d'un solide *encastré* sur la partie Γ_0 de sa frontière), tandis que des forces de surface sont exercées sur la partie Γ_1.

Ainsi que nous l'avons vu dans la Remarque 1.1-7, le principe mécanique que nous avons énoncé équivaut à considérer que le tenseur $T(X,\nu)$ représente la densité des efforts de surface exercés sur la frontière $\partial\mathcal{V}$, de normale ν, du volume $\mathcal{V} \subset \phi(\Omega)$ au point $X \in \partial\mathcal{V}$. Cette hypothèse peut naturellement s'étendre aux volumes $\mathcal{V} \subset \overline{\phi(\Omega)}$ ayant une portion de surface commune avec $\partial\phi(\Omega)$. Dans ces conditions, $T(X,\nu)$ représente, pour $X \in \partial\phi(\Omega)$, les actions extérieures de surface exercées sur $\phi(\Omega)$ au point X $\big($où $\nu = \nu(X)$ est le vecteur normal extérieur à $\partial\phi(\Omega)\big)$.

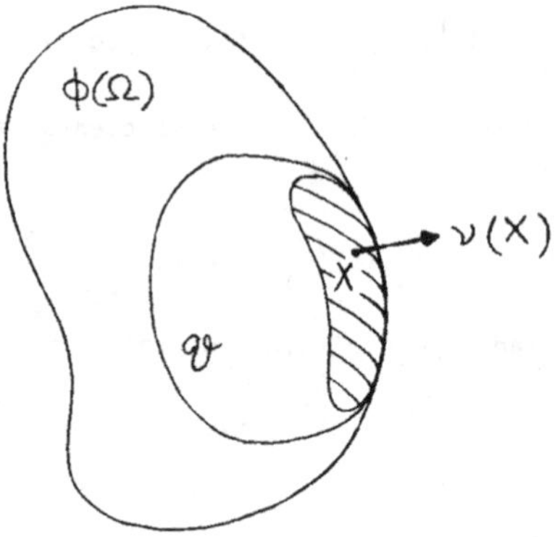

fig. 1.1-3

Dans la configuration initiale, les efforts de surface exercés sur Γ_1 sont représentés sous la forme $g(x)d\gamma(x)$ où g est un champ de vecteurs défini sur Γ_1 et où $d\gamma(x)$ représente l'élément de surface au point $x \in \Gamma_1$. Dans la configuration déformée, ils sont représentés sur $\phi(\Gamma_1)$ sous la forme $\mathcal{G}(X)d\Gamma(X)$ où $\mathcal{G}(X)$ est un champ de vecteurs défini sur $\phi(\Gamma_1)$ et où $d\Gamma(X)$ représente l'élément de surface au point $X \in \phi(\Gamma_1)$. Nous ferons ici aussi l'hypothèse des "forces mortes" en supposant que pour tout $x \in \Gamma_1$, on a :

(1.1-41)
$$\begin{cases} \mathcal{G}(X)d\Gamma(X) = g(x)d\gamma(x) \\ X = \phi(x). \end{cases}$$

La condition :

$$T(X,\nu) = \mathcal{G}(X),$$

pour $X \in \phi(\Gamma_1)$ s'écrit aussi (cf. (1.1-24)) :

$$\Sigma_{ij}(X)\nu_j(X)e_i = \mathcal{G}(X),$$

soit, grâce à (1.1-39), pour $X = \phi(x)$:

(1.1-42)
$$\frac{1}{\sqrt{G(x)}}\,\sigma_{kj}(x)N_k(x)\left(G_j(x),e_i\right)e_i = \mathcal{G}(X).$$

Définissons le vecteur :

(1.1-43)
$$N(x) = N_i(x)e_i.$$

On s'aperçoit sur la définition (1.1-30) des nombres $N_i(x)$ que le vecteur $N(x)$ n'est autre que le vecteur :

(1.1-44)
$$N(x) = {}^tD\phi(x)\cdot\nu\left(\phi(x)\right),$$

et de ce fait le vecteur $N(x)$ est normal à $\partial\Omega$ au point $x \in \Gamma_1$ car si τ est un vecteur de l'espace tangent à $\partial\Omega$ au point x, on a :

$$\left(N(x),\tau\right) = \left({}^tD\phi(x)\cdot\nu\left(\phi(x)\right),\tau\right) = \left(\nu\left(\phi(x)\right),D\phi(x)\cdot\tau\right) = 0,$$

puisque le vecteur $D\phi(x)\cdot\tau$ appartient à l'espace tangent à $\phi(\partial\Omega)$ au point $\phi(x)$. D'autre part, puisque ϕ préserve l'orientation, le vecteur $N(x)$ est orienté vers l'extérieur de Ω. En conséquence, le vecteur :

(1.1-45)
$$n(x) = \frac{N(x)}{\|N(x)\|},$$

n'est autre que le vecteur normal extérieur à $\partial\Omega$ au point $x \in \Gamma_1$. Le vecteur $N(x)$ défini par (1.1-43) ou (1.1-44) permet également d'exprimer l'élément de surface $d\Gamma(X)$ en fonction de l'élément de surface $d\gamma(x)$ $\left(X = \phi(x)\right)$ par :

$$d\Gamma(X) = \frac{\sqrt{G(x)}}{\|N(x)\|}\, d\gamma(x),$$

d'où l'on déduit immédiatement par (1.1-41) que :

$$\mathcal{G}(\phi(x)) = \frac{\|N(x)\|}{\sqrt{G(x)}}\, g(x),$$

pour $x \in \Gamma_1$, ce qui fournit finàlement grâce à l'équation (1.1-42) :

(1.1-46) $$\sigma_{kj}(x)\, n_k(x)(G_j(x), e_i) = g_i(x),$$

pour tout $x \in \Gamma_1$ où l'on a posé :

$$g(x) = g_i(x)e_i \;;\; n(x) = n_i(x)e_i.$$

Les conditions (1.1-42) constituent les conditions de bord relatives à la partie Γ_1 de la frontière $\partial\Omega$.

Si l'on écrit $\phi(x) = x + u(x)$ {cf. (1.1-2) et fig. (1.1-1)}, on obtient, en exprimant les vecteurs $G_j(x)$ (1.1-3) en fonction de u, les équations (1.1-37) et (1.1-42) sous la forme classique :

(1.1-47) $$-\partial_j(\sigma_{ij}(x) + \sigma_{kj}(x)\partial_k u_i(x)) = \rho_0(x) f_i(x) \text{ dans } \Omega,$$

(1.1-48) $$(\sigma_{ij}(x) + \sigma_{kj}(x)\partial_k u_i(x)) n_j(x) = g_i(x) \text{ sur } \Gamma_1,$$

(1.1-49) $$u = u_0 \text{ sur } \Gamma_0,$$

cette dernière relation rappelant que le déplacement est imposé sur Γ_0 (u_0 est une donnée du problème, ainsi que les g_i et les f_i).

Remarque 1.1-10 : Il ne faut pas perdre de vue que le modèle tridimensionnel obtenu dans les équations (1.1-47), (1.1-48), (1.1-49) correspond à une situation physique particulière. Outre l'hypothèse des forces mortes concernant les forces de volume, cette situation est celle où l'on se donne sur deux parties disjointes de la frontière d'une part le déplacement (sur Γ_0) et d'autre part, les effets de surface exercées (sur Γ_1), sur lesquels on fait également une hypothèse de "forces mortes". On pourrait envisager (et c'est le cas dans le problème de *von Kármán*) d'autres modèles en supposant par exemple que sur Γ_0, on ne se donne pas "complètement" le déplacement u_0 tandis que (toujours sur Γ_0) l'on impose d'autres conditions sur les efforts de surface exercés. ■

b) *Les lois de comportement*. Si nous reprenons les équations (1.1-47), (1.1-48), (1.1-49), nous voyons que le problème consiste à trouver un déplacement $u = (u_i)_{i=1}^3$ et un tenseur $\sigma = (\sigma_{ij})_{i,j=1}^3$, *symétrique* (cf. Remarque 2.1-3) vérifiant les conditions de bord. Il est clair que ces 3+6 = 9 fonctions inconnues ne peuvent être déterminées à partir des 3 équations (1.1-47) (avec les conditions de bord (1.1-48), (1.1-49)). D'ailleurs, du point de vue physique, il est clair que pour une distribution de forces donnée, le déplacement du solide sera différent selon la nature du matériau dont il est constitué, et, jusqu'à présent, celle-ci n'est pas intervenue. Précisément, les lois de comportement expriment les relations qui existent entre le second tenseur de Piola-Kirchhoff $(\sigma_{ij})_{i,j=1}^3$ et le tenseur de déformation de Green-Saint Venant $(\overline{\gamma}_{ij})_{i,j=1}^3$ (1.1-16) : ces relations dépendent de la nature du matériau.

Définition : *On dit qu'un matériau occupant l'ensemble* $\overline{\Omega}$ dans la configuration initiale est *élastique* si en tout point $x \in \overline{\Omega}$, le tenseur $(\sigma_{ij}(x))$ est une fonction de x et du tenseur $(\overline{\gamma}_{ij}(u(x)))$.

Remarque 1.1-11 : On notera en particulier que le tenseur $(\sigma_{ij}(x))$ ne dépend pas des valeurs du tenseur $\overline{\gamma}_{ij}$ en d'autres points que le point u(x) lui-même. ■

En "première approximation", on peut chercher des lois de comportement dans lesquelles la relation entre $(\sigma_{ij}(x))$ et $\overline{\gamma}_{ij}(x)$ est linéaire :

(1.1-50) $$\sigma_{ij}(x) = a_{ijk\ell}(x)\overline{\gamma}_{k\ell}(u(x)).$$

Si l'on se borne à des matériaux homogènes et isotropes, on montre que les coefficients $a_{ijk\ell}$ sont indépendants de x et ne dépendent en fait que de deux coefficients λ et μ, la relation (1.1-50) s'écrivant alors sous la forme (GERMAIN [1972, p. 129 et 307-309]) :

(1.1-51) $$\sigma_{ij} = 2\mu\overline{\gamma}_{ij}(u) + \lambda\overline{\gamma}_{pp}(u)\delta_{ij}.$$

Les constantes λ et μ, caractéristiques du matériau, sont les *coefficients de Lamé*. Pour des raisons physiques, on a :

$$\lambda > 0, \quad \mu > 0.$$

Si l'on inverse les relations (1.1-51), on obtient :

(1.1-52)
$$\overline{\gamma}_{ij}(u) = \left(\frac{1+\nu}{E}\right)\sigma_{ij} - \frac{\nu}{E}\sigma_{pp}\,\delta_{ij},$$

où les constantes E *(module de Young)* et ν *(coefficient de Poisson)* vérifient les inégalités

(1.1-53)
$$E>0,\quad 0<\nu<\frac{1}{2},$$

et sont reliées aux coefficients de Lamé par les relations :

(1.1-54)
$$\lambda = \frac{E\nu}{(1+\nu)(1-2\nu)}\ ;\ \mu = \frac{E}{2(1+\nu)}.$$

Si nous admettons les relations (1.1-51) comme loi de comportement du matériau, nous voyons qu'elles nous fournissent (compte tenu de la symétrie des tenseurs (σ_{ij}) et $(\overline{\gamma}_{ij}(u))$) les six équations manquantes. Pour décrire les relations (1.1-51) et (1.1-52), nous adopterons la notation :

$$\sigma = A^{-1}\overline{\gamma}(u)\ ;\ \overline{\gamma}(u) = A\sigma,$$

où A représente l'opérateur linéaire (sur les tenseurs symétriques) :

(1.1-55)
$$(AX)_{ij} = \frac{1+\nu}{E}X_{ij} - \frac{\nu}{E}X_{pp}\,\delta_{ij},$$

et A^{-1} son inverse :

(1.1-56)
$$(A^{-1}Y)_{ij} = 2\mu Y_{ij} + \lambda Y_{pp}\,\delta_{ij},$$

X et Y étant des tenseurs symétriques.

1.2. ÉTUDE DU MODÈLE TRIDIMENSIONNEL

Dans la suite, Ω désigne comme précédemment un ouvert borné de $\mathbb{R}^3$, de frontière $\Gamma = \Gamma_0 \cup \Gamma_1$ avec $\text{mes}(\Gamma_0) > 0$.

Rappelons les différentes équations que nous avons obtenues au paragraphe précédent :

$$
(\mathrm{P})\begin{cases}
-\partial_j(\sigma_{ij}+\sigma_{kj}\,\partial_k u_i) = f_i \text{ dans } \Omega & (1)\\
(A\sigma)_{ij} = \overline{\gamma}_{ij}(u) = \gamma_{ij}(u) + \frac{1}{2}\,\partial_i u_\ell\,\partial_j u_\ell \text{ dans } \overline{\Omega} & (2)\\
(\sigma_{ij}+\sigma_{kj}\,\partial_k u_i)n_j = g_i \text{ sur } \Gamma_1 & (3)\\
u = 0 \text{ sur } \Gamma_0 & (4)
\end{cases}
$$

Remarque 1.2-1. Dans l'équation (1) du problème (P), nous avons intégré la densité ρ_0 aux composantes f_i de la force. D'autre part, dans la condition (4), nous pourrions envisager le cas où $u = u_0$ donné sur Γ_0. ■

FORMULATION VARIATIONNELLE

LEMME 1.2-1 : *Une formulation variationnelle du problème* (P) *consiste à trouver* $(\sigma,u)\in \sum \times V$ *solution de ;*

(1.2-1) $$\forall\tau\in\textstyle\sum,\quad \int_\Omega (A\sigma)_{ij}\,\tau_{ij} - \int_\Omega \tau_{ij}\,\gamma_{ij}(u) - \frac{1}{2}\int_\Omega \tau_{i\ell}\,\partial_i u_\ell \partial_j u_\ell = 0,$$

(1.2-2) $$\forall v\in V,\quad \int_\Omega \sigma_{ij}\gamma_{ij}(v) + \int_\Omega \sigma_{kj}\,\partial_k u_i \partial_j v_i = \int_\Omega f_i v_i + \int_{\Gamma_1} g_i v_i,$$

les espaces $\sum$ *et* V *étant définis par :*

(1.2-3) $$\textstyle\sum = \{\tau = (\tau_{ij})\in (L^2(\Omega))^9\ ;\ \tau_{ij} = \tau_{ji}\},$$

(1.2-4) $$V = \{v = (v_i)\in (W^{1,4}(\Omega))^3\ ;\ v = 0 \text{ sur } \Gamma_0\}.$$

Démonstration : Il est immédiat que la relation (1.2-1) équivaut à la relation (2) du problème (P). Si l'on remarque que grâce à la symétrie, on a :

$$\int_\Omega \sigma_{ij}\,\gamma_{ij}(v) = \int_\Omega \sigma_{ij}\,\partial_j v_i,$$

le fait que la relation (1.2-2) entraîne les relations (1), (3) et (4) du problème (P) ne provient que d'une simple intégration par parties. ■

RESULTATS PARTIELS D'EXISTENCE ET D'INJECTIVITE

Nous allons donner un résultat d'existence pour le problème non-linéaire tridimensionnel dans un cas particulier (cf. CIARLET-DESTUYNDER [1979b]).

THEOREME 1.2-1. *On suppose que* $\Gamma_0 = \Gamma$ *(et que* Γ *est "aussi régulière que nécessaire"), auquel cas l'espace* V *est l'espace* $(W_0^{1,4}(\Gamma))^3$.

Pour $p>3$, *il existe un voisinage* F *de* 0 *dans* $(L^p(\Omega))^3$ *et il existe un voisinage* U *de* 0 *dans* $(W^{2,p}(\Omega)\cap W_0^{1,p}(\Omega))^3$ *tels que pour tout* $f=(f_i)_{i=1}^3\in F$, *il existe une et une seule solution du problème* $(\sigma,u)\in\Sigma\times U$.

Démonstration : Nous allons nous ramener à un problème en le seul déplacement u, c'est-à-dire procéder d'abord à l'élimination des inconnues $\sigma=(\sigma_{ij})_{i,j=1}^3$. Pour cela, nous utiliserons la relation (1.1-51) liant les tenseurs σ et $\overline{\gamma}(u)$ en conservant toutefois l'écriture primitive (1.1-50) ici plus pratique, soit :

$$\sigma_{ij}=\left(A^{-1}\overline{\gamma}(u)\right)_{ij}=a_{ijk\ell}\,\overline{\gamma}_{k\ell}(u), \tag{1.2-5}$$

où A^{-1} est défini par (1.1-56) ; les coefficients $a_{ijk\ell}$ sont alors des constantes qui ne dépendent que des coefficients de Lamé λ et μ. En reportant dans l'équation (1.2-2), nous obtenons pour tout $v\in V$:

$$\left\{\begin{aligned}&\int_\Omega\left(a_{ijk\ell}\,\gamma_{k\ell}(u)+\frac{1}{2}\,a_{ijk\ell}\,\partial_k u_m\,\partial_\ell u_m\right)\partial_j v_i\\&\qquad+\int_\Omega\left(a_{\ell jkp}\,\gamma_{kp}(u)\partial_\ell u_i+\frac{1}{2}\,a_{\ell jkp}\,\partial_k u_m\partial_p u_m\partial_\ell u_i\right)\partial_j v_i=\int_\Omega f_i v_i.\end{aligned}\right. \tag{1.2-6}$$

A ce stade, il nous faut remarquer que l'équation (1.2-6) a bien une signification au sens des distributions : en effet, l'espace $W^{m,p}(\Omega)$ est une algèbre de Banach pour $mp>n$ (lorsque Ω est un ouvert de $\mathbb{R}^n$) (ADAMS [1975, p. 115]) ; ici, $n=3$, $m=1$ et l'espace $W^{1,p}(\Omega)$ est donc une algèbre dès que $p>3$, ce que l'on a supposé à cette fin. L'identité (1.2-6) exprime donc que :

$$\left\{\begin{aligned}&-\partial_j\Big(a_{ijk\ell}\,\gamma_{k\ell}(u)+\frac{1}{2}a_{ijk\ell}\,\partial_k u_m\partial_\ell u_m+a_{\ell jkp}\,\gamma_{kp}(u)\partial_\ell u_i+\\&\qquad+\frac{1}{2}a_{\ell jkp}\,\partial_k u_m\partial_p u_m\partial_\ell u_i\Big)=f_i,\end{aligned}\right. \tag{1.2-7}$$

ce que l'on écrira sous la forme condensée :

$$\mathcal{B}(u)=f. \tag{1.2-8}$$

Examinons les propriétés de l'opérateur $\mathcal{B}$. Pour $u\in(W^{2,p}(\Omega))^3$, les dérivées partielles $\partial_i u_j$ appartiennent à l'espace $W^{1,p}(\Omega)$ dont les propriétés d'algébricité déjà signalées entraînent par (1.2-7) :

$$\mathcal{B}(u)\in(L^p(\Omega))^3.$$

D'autre part, il est clair sur (1.2-7) que $\mathcal{B}$ étant une application somme d'applications linéaire, bilinéaire et trilinéaire continues est une application de classe $\mathcal{C}^\infty$ de l'espace $(W^{2,p}(\Omega))^3$ dans l'espace $(L^p(\Omega))^3$.

Il est facile de voir que pour $v \in (W^{2,p}(\Omega))^3$, on a :

$$(\mathcal{B}'(0)\cdot v)_i = -\partial_j(a_{ijk\ell}\,\gamma_{k\ell}(v)) = -\partial_j(A^{-1}\gamma(v))_{ij},$$

ce qui prouve que $\mathcal{B}'(0)$ *n'est autre que l'opérateur du système linéaire de l'élasticité*. Pour appliquer le Théorème d'inversion locale, plaçons-nous sur le sous-espace $(W^{2,p}(\Omega)\cap W_0^{1,p}(\Omega))^3$. Ainsi :

(1.2-9) $$\mathcal{B} : (W^{2,p}(\Omega)\cap W_0^{1,p}(\Omega))^3 \to (L^p(\Omega))^3,$$

(1.2-10) $$\mathcal{B}'(0) : (W^{2,p}(\Omega)\cap W_0^{1,p}(\Omega))^3 \to (L^p(\Omega))^3,$$

et montrons que sur cet espace, l'opérateur $\mathcal{B}'(0)$ est un isomorphisme avec l'espace $(L^p(\Omega))^3$. Grâce au Théorème de Banach, il suffit de prouver que $\mathcal{B}'(0)$ est une bijection continue : la continuité ne crée aucune difficulté ; la preuve de la bijectivité est un résultat *d'unicité* (injectivité) et de *régularité* (surjectivité) pour le problème linéaire de l'élasticité. Plus précisément, grâce à l'inégalité de Korn, on peut conclure que pour tout $f \in (L^2(\Omega))^3$ (cf. DUVAUT et LIONS [1972]), l'équation :

(1.2-11) $$\begin{cases} u \in (H_0^1(\Omega))^3 \\ \mathcal{B}'(0)\cdot u = f, \end{cases}$$

possède une solution unique, ce qui prouve que l'opérateur $\mathcal{B}'(0)$ (1.2-10) est injectif. Pour prouver qu'il est surjectif, il faut montrer que la solution (unique) de l'équation (1.2-11) appartient à l'espace $(W^{2,p}(\Omega)\cap W_0^{1,p}(\Omega))^3$ dès que la donnée f appartient à l'espace $(L^p(\Omega))^3$. Ce résultat est vrai pour $p = 2$ (NEČAS [1967, p.260]) et, d'après GEYMONAT [1965], l'application $\mathcal{B}'(0)$ (1.2-10) a un indice indépendant de $p \in]1,+\infty[$. Puisque le noyau $\mathrm{Ker}\,\mathcal{B}'(0)$ est réduit à $\{0\}$ dans l'espace $(W^{2,p}(\Omega)\cap W^{1,p}(\Omega))^3$ d'après le résultat d'injectivité précédent, et puisque l'indice est nul pour $p = 2$ (donc pour tout $p \in]1,+\infty[$) :

$$\dim \mathrm{Coker}\,\mathcal{B}'(0) = 0$$

dans l'espace $(W^{2,p}(\Omega)\cap W_0^{1,p}(\Omega))^3$, ce qui équivaut à la surjectivité. ∎

Remarque 1.2-2 : Ce résultat d'existence est limité à des conditions de Dirichlet (corps encastré sur la totalité de sa surface) : en effet, les résultats de Nečas et de Geymonat ne permettent pas de considérer les conditions aux limites sur les contraintes qui s'introduisent dans le problème (P) général. ■

Remarque 1.2-3 : Il est aisé de montrer que les équations (1.2-7) équivalent à dire que u est *un point critique de la fonctionnelle :*

(1.2-12) $$v\in\left(W_0^{1,p}(\Omega)\right)^3 \longrightarrow J(v) = \frac{1}{2}\int_\Omega \left(A^{-1}\overline{\gamma}(v)\right)_{ij}\overline{\gamma}_{ij}(v) - \int_\Omega f_i v_i \in \mathbb{R},$$

c'est-à-dire que :

$$J'(u)\cdot v = 0,$$

pour tout $v\in\left(W^{2,p}(\Omega)\cap W_0^{1,p}(\Omega)\right)^3$. Dans le cas général ($\Gamma_1 \neq \phi$), le même résultat est vrai si l'on adjoint à la fonctionnelle J le terme $\int_{\Gamma_1} g_i v_i$. La fonctionnelle J est alors définie sur l'espace V (1.2-4). Elle porte le nom *d'énergie totale* du système (somme de *l'énergie de déformation* $\frac{1}{2}\int_\Omega \left(A^{-1}\overline{\gamma}(v)\right)_{ij}\overline{\gamma}_{ij}(v)$ et de *l'énergie potentielle des forces extérieures* $-\int_\Omega f_i v_i$). ■

Remarque 1.2-4 : Si J désigne la fonctionnelle (1.2-12), on peut s'apercevoir assez facilement que pour $|f|_{0,p,\Omega}$ assez petit, et si $u\in\left(W^{2,p}(\Omega)\cap W_0^{1,p}(\Omega)\right)^3$ est la solution exhibée au Théorème 1.2-1, J(u) représente *un minimum local de l'énergie de déformation dans l'espace* $\left(W_0^{1,\infty}(\Omega)\right)^3$. La question de savoir si c'est également un minimum local dans l'espace $\left(W_0^{1,p}(\Omega)\right)^3$ est ouverte. ■

Exercice : Montrer que la fonctionnelle J est coercive sur l'espace $\left(W_0^{1,4}(\Omega)\right)^3$. ■

Après avoir prouvé au Théorème 1.2-1 l'existence d'une solution du problème de l'élasticité non-linéaire (dans le cas particulier $\Gamma_0 = \Gamma$), il nous reste encore à examiner si cette solution mathématique est physiquement acceptable. En effet, pour des raisons que nous avons déjà exposées au paragraphe 1.1, il faut s'assurer que :

(1.2-13) $$\phi : x\in\Omega \longrightarrow \phi(x) = x + u(x) \in \phi(\Omega) \subset \mathbb{R}^3,$$

est un *difféomorphisme global* de Ω sur $\phi(\Omega)$ qui *préserve l'orientation.*

La réponse (affirmative) est donnée par le :

THEOREME 1.2-2 : *Sous les mêmes conditions qu'au théorème précédent* ($\Gamma_0 = \Gamma$) *et en supposant de plus que* Γ *est connexe, l'application* ϕ (1.2-13) *est un difféomorphisme global de* Ω *sur* $\phi(\Omega)$ *qui préserve l'orientation dès que les forces* $|f_i|_{0,p,\Omega}$ *sont assez petites* ($p > 3$).

Démonstration : Pour prouver notre assertion, il suffit de montrer que ϕ est à la fois un difféomorphisme local préservant l'orientation et une injection.

Si $J_\phi(x)$ désigne le jacobien de ϕ au point x, on a :

$$J_\phi(x) = \text{dét}\big(\partial_i \phi_j(x)\big) = \text{dét}\big(I + (\partial_i u_j(x)\big).$$

Or, si $|f_i|_{0,p,\Omega}$ est petit, il en va de même de $\|u\|_{2,p,\Omega}$. Grâce à l'injection :

$$W^{2,p}(\Omega) \hookrightarrow \mathcal{C}^1(\bar{\Omega}) \qquad (p > 3),$$

on conclut que pour $1 \leq i,j \leq 3$, $\partial_i u_j$ est arbitrairement petit dans $L^\infty(\Omega)$ et donc que $J_\phi(x) > 0 \quad \forall x \in \bar{\Omega}$

Ceci prouve que ϕ est un difféomorphisme local préservant l'orientation mais ne suffit pas à montrer que ϕ est une injection. Pour cela, on utilisera un résultat (cf. MEISTERS-OLECH [1963]) exprimant que si $\mathcal{O}$ est un ouvert de $\mathbb{R}^n$, K est un compact de $\mathcal{O}$ à bord ∂K connexe et si $\phi : \mathcal{O} \to \mathbb{R}^n$ est de classe $\mathcal{C}^1$ vérifiant :

$$J_\phi(x) > 0,$$

pour tout $x \in K$, la restriction $\phi|_{\partial K}$ étant injective, alors $\phi|_K$ est injective.

Dans notre problème, on a $\big((1.2\text{-}13)\big)$ $\phi \in \big(W^{2,p}(\Omega)\big)^3$ et, en prolongeant ϕ en élément de $\big(W^{2,p}(\mathcal{O})\big)^3$ où $\mathcal{O}$ est un ouvert de $\mathbb{R}^3$ contenant $\bar{\Omega}$, notre assertion est prouvée en prenant $K = \bar{\Omega}$ puisque

$$\phi|_\Gamma = I. \qquad \blacksquare$$

Remarque 1.2-5 : Les conclusions de Meisters et Olech restent vraies sous des hypothèses plus générales $\big(J_\phi(x)$ doit être > 0 dans Ω sauf en un nombre fini de points, il peut être nul sur une partie de Γ mais pas partout$\big)$. $\blacksquare$

1.3. UN PROBLÈME TRIDIMENSIONNEL DE PLAQUE ; APPLICATION DE LA MÉTHODE DES DÉVELOPPEMENTS ASYMPTOTIQUES

Ce paragraphe et les deux suivants concernent une étude faite par P.G. CIARLET [1980].

UN PROBLEME DE PLAQUE

Rappelons la convention selon laquelle les indices latins prennent leurs valeurs dans l'ensemble $\{1,2,3\}$ et les indices grecs dans l'ensemble $\{1,2\}$.

Soit ω un ouvert borné de $\mathbb{R}^2$ de frontière γ. Nous appellerons :

(1.3-1) $$\Omega^\varepsilon = \omega \times]-\varepsilon,+\varepsilon[,$$

(1.3-2) $$\Gamma_\pm^\varepsilon = \omega \times \{\pm\varepsilon\},$$

(1.3-3) $$\Gamma_0^\varepsilon = \gamma \times [-\varepsilon,+\varepsilon] .$$

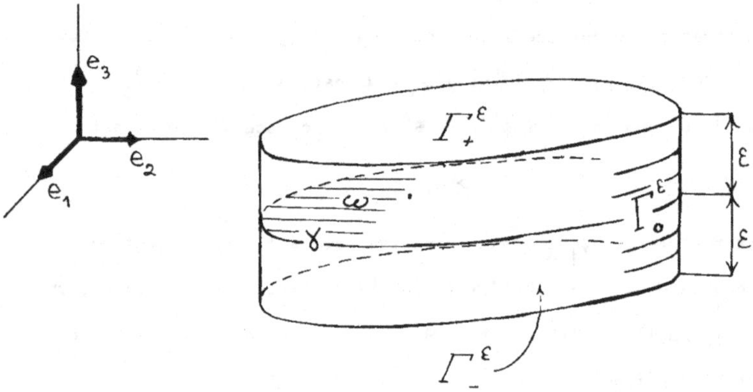

fig. 1.3-1

Le problème que nous considérerons *n'est pas un cas particulier de celui étudié aux paragraphes* 1 *et* 2. Toutefois, il s'établit par une démarche suffisamment voisine pour que nous laissions au lecteur le soin de vérifier que le système (1.3-8)-(1.3-9) s'obtient à l'aide d'arguments analogues à partir de la situation physique que nous allons maintenant préciser et à laquelle nous avons déjà fait allusion à la Remarque 1.1-10.

Le vecteur $\nu = (\nu_\alpha)$ représentera le vecteur normal à γ (donc à Γ_0^ε). Les forces exercées seront des forces de volume de densité $(f_i^\varepsilon) \in (L^2(\Omega^\varepsilon))^3$ (en pratique $f^\varepsilon = (0,0,\rho g)$), des forces de surface sur les faces supérieures et inférieures Γ_+^ε et Γ_-^ε de densité $(g_i^\varepsilon) \in (L^2(\Gamma_+^\varepsilon \cup \Gamma_-^\varepsilon))^3$ et, sur Γ_0^ε, une résultante de forces horizontales de densité $(h_\alpha^\varepsilon) \in (L^2(\gamma))^2$ définie sur γ.

Les conditions aux limites associées, imposées sur la surface latérale Γ_0^ε et correspondant aux "déplacements admissibles", seront :

$$\left.\begin{array}{lr} (1.3\text{-}4) & v_\alpha \text{ indépendants de } x_3 \\ (1.3\text{-}5) & v_3 = 0 \end{array}\right\} \text{ sur } \Gamma_0^\varepsilon.$$

Nous définirons également les espaces :

$$(1.3\text{-}6) \qquad \Sigma^\varepsilon = (L^2(\Omega^\varepsilon))_s^9 \quad (\text{s pour "symétrique" (cf.(1.2-3))}),$$

$$(1.3\text{-}7) \qquad V^\varepsilon = \{v \in (W^{1,4}(\Omega^\varepsilon))^3 \ ; \ v \text{ vérifie } (1.3\text{-}4)\text{-}(1.3\text{-}5)\}.$$

Le problème consiste à trouver un couple $(\sigma,u) \in \Sigma^\varepsilon \times V^\varepsilon$ tel que :

$$(1.3\text{-}8) \qquad \forall \tau \in \Sigma^\varepsilon, \int_{\Omega^\varepsilon} (A^\varepsilon \sigma)_{ij}\, \tau_{ij} = \int_{\Omega^\varepsilon} \overline{\gamma}_{ij}(u)\tau_{ij},$$

$$(1.3\text{-}9) \qquad \left\{\begin{array}{l} \forall v \in V^\varepsilon, \displaystyle\int_{\Omega^\varepsilon} \sigma_{ij}\, \gamma_{ij}(v) + \int_{\Omega^\varepsilon} \sigma_{kj}\, \partial_k u_i \partial_j v_i = \\ \qquad = \displaystyle\int_{\Omega^\varepsilon} f_i^\varepsilon v_i + \int_{\Gamma_+^\varepsilon \cup \Gamma_-^\varepsilon} g_i^\varepsilon v_i + \int_\gamma \left(\int_{-\varepsilon}^{\varepsilon} v_\alpha dx_3\right) h_\alpha^\varepsilon, \end{array}\right.$$

où $A^\varepsilon = \varepsilon^3 A$, A étant l'opérateur (1.1-55). Nous reviendrons sur l'introduction de ce facteur ε^3 à la Remarque 1.3-1.

Une formulation équivalente des équations (1.3-8)-(1.3-9) sous forme de problème aux limites est la suivante : déterminer un couple $(\sigma,u) \in \Sigma^\varepsilon \times V^\varepsilon$ tel que :

$$(1.3\text{-}10) \qquad (A^\varepsilon \sigma)_{ij} = \overline{\gamma}_{ij}(u) \text{ dans } \Omega^\varepsilon,$$

$$(1.3\text{-}11) \qquad -\partial_j(\sigma_{ij} + \sigma_{kj}\, \partial_k u_i) = f_i^\varepsilon \in L^2(\Omega^\varepsilon) \text{ dans } \Omega^\varepsilon,$$

avec les conditions :

$$(1.3\text{-}12) \qquad \sigma_{i3} + \sigma_{k3}\, \partial_k u_i = \pm\, g_i^\varepsilon \in L^2(\Gamma_+^\varepsilon \cup \Gamma_-^\varepsilon) \text{ sur } \Gamma_+^\varepsilon \cup \Gamma_-^\varepsilon,$$

$$(1.3\text{-}13) \qquad \frac{1}{2\varepsilon}\int_{-\varepsilon}^{\varepsilon} (\sigma_{\alpha\beta} + \sigma_{k\beta}\, \partial_k u_\alpha)\nu_\beta = h_\alpha^\varepsilon \in L^2(\gamma) \text{ sur } \gamma,$$

(1.3-14) $\quad u_\alpha$ indépendant de x_3 ; $u_3 = 0$ sur Γ_0^ε.

En effet, la relation (1.3-10) découle immédiatement de (1.3-8) et les conditions (1.3-14) traduisent l'appartenance à l'espace V^ε (1.3-7). En appliquant la formule de Green à l'équation (1.3-9) on obtient alors(1.3-11) et le terme de bord qui apparaît au membre de gauche de (1.3-9) :

$$\int_{\partial\Omega^\varepsilon} (\sigma_{ij} + \sigma_{kj}\ \partial_k u_i) n_j v_i,$$

se réduit à :

(1.3-15) $$\int_{\Gamma_0^\varepsilon} (\sigma_{\alpha\beta} + \sigma_{k\beta}\ \partial_k u_\alpha)\nu_\beta v_\alpha + \int_{\Gamma_+^\varepsilon \cup \Gamma_-^\varepsilon} (\sigma_{i3} + \sigma_{k3}\ \partial_k u_i) n_3 v_i,$$

puisque $n_3 = 0$ et $v_3 = 0$ sur Γ_0^ε, $n_1 = n_2 = 0$ sur $\Gamma_+^\varepsilon \cup \Gamma_-^\varepsilon$. Comme v_α est indépendant de x_3 sur Γ_0^ε, on a :

$$v_\alpha = \frac{1}{2\varepsilon}\int_{-\varepsilon}^{\varepsilon} v_\alpha dx_3,$$

ce qui permet de récrire (1.3-15) sous la forme :

(1.3-16) $$\int_\gamma \frac{1}{2\varepsilon}\int_{-\varepsilon}^{\varepsilon} (\sigma_{\alpha\beta} + \sigma_{k\beta}\ \partial_k u_\alpha)\nu_\beta\ dx_3 \left(\int_{-\varepsilon}^{\varepsilon} v_\alpha\ dx_3\right) +$$
$$+ \int_{\Gamma_+^\varepsilon \cup \Gamma_-^\varepsilon} (\sigma_{i3} + \sigma_{k3}\ \partial_k u_i) n_3 v_i.$$

Puisque sur $\Gamma_+^\varepsilon \cup \Gamma_-^\varepsilon$ la composante n_3 du vecteur normal prend les valeurs +1 ou -1, on obtient les relations (1.3-12) et (1.3-13) en comparant (1.3-16) au second membre de (1.3-9).

Remarque 1.3-1 : Le choix de l'opérateur $A^\varepsilon = \varepsilon^3 A$ peut paraître arbitraire et surprenant. En fait, pour $\varepsilon > 0$ fixé, l'emploi de l'opérateur A^ε au lieu de l'opérateur A correspond seulement à un changement d'échelle. Ceci se voit de façon très simple en considérant l'opérateur $(A^\varepsilon)^{-1} : X \longrightarrow \varepsilon^{-3}A^{-1}X = 2\mu^\varepsilon X_{ij} + \lambda^\varepsilon X_{pp}\delta_{ij}$, où

(1.3-17) $$\lambda^\varepsilon = \varepsilon^{-3}\lambda, \quad \mu^\varepsilon = \varepsilon^{-3}\mu.$$

L'opérateur A^ε est alors l'opérateur linéaire de l'élasticité associé au matériau dont est constituée la plaque si λ^ε et μ^ε sont les coefficients de Lamé de ce matériau (auquel cas λ^ε et μ^ε sont indépendants de ε et l'écriture (1.3-17) n'est qu'un artifice). Par contre, si l'on fait tendre le paramètre ε vers 0 en vue d'obtenir un comportement limite bidimensionnel, la relation (1.3-17) traduit le fait, intuitivement évident, que lorsque l'épaisseur de la plaque diminue, le *comportement élastique de celle-ci ne peut s'apparenter à un comportement bidimensionnel de paramètres* λ *et* μ *que si la rigidité du matériau (traduite par les coefficients* λ^ε *et* μ^ε *) tend vers* $+\infty$. Ceci signifie que lorsque l'on fait tendre ε vers 0, on considère que la plaque est constituée de matériau de plus en plus rigides, dont les coefficients de Lamé sont précisément λ^ε et μ^ε (voir Remarque 1.4-4).

Quant au choix de la croissance en ε^{-3} des coefficients λ^ε et μ^ε, il est justifié par le fait que *c'est précisément celui qui conduit au modèle de von Kármán.* ■

APPLICATION DE LA METHODE DES DEVELOPPEMENTS ASYMPTOTIQUES

Nous allons définir un problème équivalent au problème (1.3-8)-(1.3-9) mais posé sur un ouvert *indépendant de* ε :

(1.3-18)
$$\begin{cases} \Omega = \omega \times]-1,1[\ , \ \Gamma_0 = \gamma \times [-1,1], \\ \Gamma_+ = \omega \times \{1\}, \ \Gamma_- = \omega \times \{-1\}. \end{cases}$$

A tout point $X \in \bar\Omega$, on associe le point $X^\varepsilon \in \overline{\Omega^\varepsilon}$ par la correspondance :

(1.3-19)
$$X = (x_1, x_2, x_3) \in \bar\Omega \longrightarrow X^\varepsilon = (x_1, x_2, \varepsilon x_3) \in \overline{\Omega^\varepsilon}.$$

Aux espaces $\sum^\varepsilon$ et V^ε figurant dans (1.3-8)-(1.3-9) nous faisons correspondre les espaces :

(1.3-20)
$$V = \{v = (v_i) \in (W^{1,4}(\Omega))^3 ;\ v_\alpha \text{ indépendant de } x_3 \text{ sur } \Gamma_0 \ ;\ v_3 = 0 \text{ sur } \Gamma_0\},$$

(1.3-21)
$$\textstyle\sum = (L^2(\Omega))^9_s,$$

et, à tout élément $\tau = (\tau_{ij}) \in \sum^\varepsilon$ et tout élément $v \in V^\varepsilon$, nous faisons correspondre l'élément $\tau^\varepsilon = (\tau^\varepsilon_{ij}) \in \sum$ et l'élément $v^\varepsilon = (v^\varepsilon_i) \in V$ par :

(1.3-22)
$$\tau_{\alpha\beta}(X^\varepsilon) = \varepsilon^{-1}\tau^\varepsilon_{\alpha\beta}(X) \ ;\ \tau_{\alpha 3}(X^\varepsilon) = \tau^\varepsilon_{\alpha 3}(X) \ ;\ \tau_{33}(X^\varepsilon) = \varepsilon\tau^\varepsilon_{33}(X),$$

(1.3-23)
$$v_\alpha(X^\varepsilon) = \varepsilon^2 v^\varepsilon_\alpha(X) \ ;\ v_3(X^\varepsilon) = \varepsilon v^\varepsilon_3(X).$$

En ce qui concerne les données, nous ferons désormais l'hypothèse plus commode :

(1.3-24)
$$f^\varepsilon_\alpha = 0 \ ;\ g^\varepsilon_\alpha = 0,$$

qui n'introduit en fait que des simplifications dans les calculs et la présentation des résultats ultérieurs.

Définissons enfin les fonctions f_3, g_3 et h_α par :

(1.3-25) $$f_3^\varepsilon(X^\varepsilon) = f_3(X),$$

(1.3-26) $$g_3^\varepsilon(X^\varepsilon) = \varepsilon g_3(X),$$

(1.3-27) $$h_\alpha^\varepsilon(y) = \varepsilon^{-1} h_\alpha(y) \qquad \forall y \in \gamma.$$

Dans ces conditions, il est clair que l'on a :

$$(f_i) \in \left(L^2(\Omega)\right)^3 \;;\; (g_i) \in \left(L^2(\Gamma_+ \cup \Gamma_-)\right)^3 \;;\; (h_\alpha) \in \left(L^2(\gamma)\right)^2.$$

Avec ces notations, il est aisé de voir que :

(1.3-28) $$\int_{\Omega^\varepsilon} \sigma_{ij}\gamma_{ij}(v) = \varepsilon^2 \int_\Omega \sigma_{ij}^\varepsilon \, \gamma_{ij}(v^\varepsilon),$$

pour tout couple $(\sigma,v) \in \sum^\varepsilon \times V^\varepsilon$ et que :

(1.3-29) $$\begin{cases} \displaystyle\int_{\Omega^\varepsilon} f_3^\varepsilon v_3 + \int_{\Gamma_+^\varepsilon \cup \Gamma_-^\varepsilon} g_3^\varepsilon v_3 + \int_\gamma \left\{\int_{-\varepsilon}^{\varepsilon} v_\alpha dt\right\} h_\alpha^\varepsilon = \\ \displaystyle\qquad = \varepsilon^2 \left\{\int_\Omega f_3 v_3^\varepsilon + \int_{\Gamma_+ \cup \Gamma_-} g_3 v_3^\varepsilon + \int_\gamma \left\{\int_{-1}^{1} v_\alpha^\varepsilon dt\right\} h_\alpha\right\}, \end{cases}$$

pour tout $v \in V^\varepsilon$.

Si A^0 désigne l'application linéaire qui transforme un tenseur (2×2)X en un tenseur (2×2)Y = $(Y_{\alpha\beta})$ par la formule (inversible sur les tenseurs 2×2) :

(1.3-30) $$Y_{\alpha\beta} = (A^0 X)_{\alpha\beta} = \frac{1+\nu}{E} X_{\alpha\beta} - \frac{\nu}{E} X_{\mu\mu} \, \delta_{\alpha\beta},$$

un simple calcul montre que :

PROPOSITION 1.3-1 : *Soit* $(\sigma^\varepsilon, u^\varepsilon) \in \sum \times V$ *obtenu à partir d'une solution* $(\sigma,u) \in \sum^\varepsilon \times V^\varepsilon$ *du problème* (1.3-8)-(1.3-9) *par les formules* (1.3-22)-(1.3-23). *Alors,* $(\sigma^\varepsilon, u^\varepsilon)$ *est solution des équations variationnelles :*

(1.3-31) $$\begin{cases} \forall \tau \in \sum, \; \mathcal{A}_0(\sigma^\varepsilon,\tau) + \varepsilon^2 \mathcal{A}_2(\sigma^\varepsilon,\tau) + \varepsilon^4 \mathcal{A}_4(\sigma^\varepsilon,\tau) + \\ \qquad + \mathcal{B}(\tau,u^\varepsilon) + \mathcal{C}_0(\tau,u^\varepsilon,u^\varepsilon) + \varepsilon^2 \mathcal{C}_2(\tau,u^\varepsilon,u^\varepsilon) = 0, \end{cases}$$

(1.3-32) $$\forall v \in V, \; \mathcal{B}(\sigma^\varepsilon,v) + 2\,\mathcal{C}_0(\sigma^\varepsilon,u^\varepsilon,v) + 2\varepsilon^2 \mathcal{C}_2(\sigma^\varepsilon,u^\varepsilon,v) = \mathcal{F}(v),$$

où, pour des éléments génériques $\sigma,\tau\in\Sigma$ *et* $u,v\in V$, *on a posé :*

(1.3-33) $$\mathcal{A}_0(\sigma,\tau) = \int_\Omega (A^0\sigma)_{\alpha\beta}\,\tau_{\alpha\beta},$$

(1.3-34) $$\mathcal{A}_2(\sigma,\tau) = \int_\Omega \{2(\frac{1+\nu}{E})\sigma_{\alpha 3}\,\tau_{\alpha 3} - \frac{\nu}{E}(\sigma_{33}\,\tau_{\mu\mu} + \sigma_{\mu\mu}\,\tau_{33})\},$$

(1.3-35) $$\mathcal{A}_4(\sigma,\tau) = \frac{1}{E}\int_\Omega \sigma_{33}\,\tau_{33},$$

(1.3-36) $$\mathcal{B}(\tau,v) = -\int_\Omega \tau_{ij}\,\gamma_{ij}(v)$$

(1.3-37) $$\mathcal{C}_0(\tau,u,v) = -\frac{1}{2}\int_\Omega \tau_{ij}\,\partial_i u_3 \partial_j v_3$$

(1.3-38) $$\mathcal{C}_2(\tau,u,v) = -\frac{1}{2}\int_\Omega \tau_{ij}\,\partial_i u_\alpha \partial_j v_\alpha$$

(1.3-39) $$\mathcal{F}(v) = -\{\int_\Omega f_3 v_3 + \int_{\Gamma_+\cup\Gamma_-} g_3 v_3 + \int_\gamma \{\int_{-1}^{1} v_\alpha dt\} h_\alpha,$$

les fonctions f_3, g_3 *et* h_α *étant obtenues par les formules* (1.3-25)-(1.3-27). ∎

Puisque les fonctionnelles $\mathcal{A}_0$, $\mathcal{A}_2$, $\mathcal{A}_4$, $\mathcal{B}$, $\mathcal{C}_0$, $\mathcal{C}_2$ et $\mathcal{F}$ sont toutes indépendantes de ε et puisque ε est considéré comme un petit paramètre, nous sommes naturellement conduits à définir une série formelle d'"approximations" d'une solution $(\sigma^\varepsilon,u^\varepsilon)$ des équations (1.3-31)-(1.3-32) en posant *à priori :*

(1.3-40) $$(\sigma^\varepsilon,u^\varepsilon) = (\sigma,u) + \varepsilon(\sigma^1,u^1) + \varepsilon^2(\sigma^2,u^2) + \ldots$$

Suivant le principe de *la méthode des développements asymptotiques,* nous égalons à 0 les facteurs des puissances successives de ε^p, $p\geq 0$, dans l'expression obtenue quand le développement (1.3-40) est reporté dans les équations (1.3-31)-(1.3-32).

Nous obtenons ainsi d'une part des équations devant être satisfaites par le premier terme (σ,u) (à ne pas confondre avec la solution du problème tridimensionnel !) et des relations de récurrence pour les termes suivants.

Remarque 1.3-2 : Bien entendu, à ce stade, rien ne garantit l'existence de tels termes dans l'espace $\Sigma\times V$ ou même dans un autre espace : le développement (1.3-40) est *purement formel.* ∎

En particulier, nous trouvons que le premier terme (σ,u) doit satisfaire :

(1.3-41) $$\forall\tau\in\Sigma,\ \mathcal{A}_0(\sigma,\tau)+\mathcal{B}(\tau,u)+\mathcal{C}_0(\tau,u,u)=0,$$

(1.3-42) $$\forall v\in V,\ \mathcal{B}(\sigma,v)+2\,\mathcal{C}_0(\sigma,u,v)=\mathcal{F}(v).$$

Les relations (1.3-41)-(1.3-42) nous permettent de justifier *à posteriori* le changement de fonctions (1.3-22)-(1.3-23) : outre les invariances (1.3-28) et (1.3-29), un "poids" doit être introduit dans les formules (1.3-22)-(1.3-23) de sorte que le même facteur apparaisse dans tous les termes obtenus au membre de gauche des équations (1.3-41)-(1.3-42). La justification de ce "poids", qui apparaît de la même manière dans les formules (1.3-25)-(1.3-27) est l'exigence naturelle que (comme pour le problème tridimensionnel) les équations non-linéaires (1.3-41)-(1.3-42) contiennent tous les termes apparaissant dans les équations :

$$\forall\tau\in\Sigma,\ \mathcal{A}_0(\sigma,\tau)+\mathcal{B}(\tau,u)=0,$$

$$\forall v\in V,\ \mathcal{B}(\sigma,v)=\mathcal{F}(v),$$

trouvées par un procédé analogue (cf. CIARLET-DESTUYNDER [1977]) dans le cas linéaire. Notons que, par opposition avec ce dernier, où seul le rapport entre deux "poids" différents peut être déterminé, ils sont ici tous obtenus sans ambiguité par la présence de la fonctionnelle trilinéaire $\mathcal{C}_0$.

Enfin, il est à priori concevable de commencer le développement formel (1.3-40) par $\varepsilon^a(\sigma^a,u^a)$, $a\leq -1$. Dans ces conditions, le facteur de la plus petite puissance de ε dans les équations (1.3-31) est $\mathcal{C}_0(\tau,u^a,u^a)$ et par suite :

$$\forall\tau\in\Sigma,\ \mathcal{C}_0(\tau,u^a,u^a)=-\frac{1}{2}\int_\Omega\tau_{ij}\,\partial_i u_3^a\partial_j u_3^a=0,$$

ce qui entraîne $\partial_i u_3^a=0$ (en prenant par exemple $\tau_{ij}=\delta_{ij}$) et donc $u_3^a=0$ (puisque $u_3^a=0$ sur Γ_0), propriété fantaisiste de ce qui est souhaité être une bonne approximation de u_3^ε !

Nous allons maintenant :

(i) *Reconnaître les équations de von Kármán dans le problème* (1.3-41)-(1.3-42),

(ii) *Etablir l'existence (sous des hypothèses convenables) d'au moins une solution des équations* (1.3-41)-(1.3-42).

Remarque 1.3-3 : Pour clore tout à fait ce paragraphe, signalons (DESTUYNDER [1980]) que dans le cas linéaire, on peut :

(i) calculer les autres termes du développement asymptotique formel,

(ii) prouver la convergence de $(\sigma^\varepsilon, u^\varepsilon)$ vers le premier terme (σ, u) du développement asymptotique formel lorsque $\varepsilon \to 0$, ce qui a pour conséquence principale de *justifier totalement les modèles linéaires bidimensionnels*, mais ceci nécessite la connaissance de l'existence d'une solution $(\sigma^\varepsilon, u^\varepsilon)$ du problème tridimensionnel, problème qui, s'il est résolu dans le cas linéaire est encore ouvert dans le cas non-linéaire. ■

1.4. ÉQUIVALENCE DU PREMIER TERME DU DÉVELOPPEMENT AVEC LA SOLUTION D'UN MODÈLE "DÉPLACEMENT" BIDIMENSIONNEL

Le premier terme (σ, u) du développement asymtotique (1.3-40) est solution des équations suivantes, clairement équivalentes aux équations (1.3-41) et (1.3-42) :

(1.4-1) $$\forall (\tau_{\alpha\beta}) \in (L^2(\Omega))^4_s, \quad \int_\Omega (A^\circ\sigma)_{\alpha\beta}\,\tau_{\alpha\beta} - \int_\Omega \tau_{\alpha\beta}\,\gamma_{\alpha\beta}(u) - \frac{1}{2}\int_\Omega \tau_{\alpha\beta}\,\partial_\alpha u_3 \partial_\beta u_3 = 0,$$

(1.4-2) $$\forall (\tau_{\alpha 3}) \in (L^2(\Omega))^2, \quad \int_\Omega \tau_{\alpha 3}(\partial_\alpha u_3 + \partial_3 u_\alpha) + \int_\Omega \tau_{\alpha 3}\,\partial_\alpha u_3 \partial_3 u_3 = 0,$$

(1.4-3) $$\forall \tau_{33} \in L^2(\Omega) \quad \int_\Omega \tau_{33}\partial_3 u_3 + \frac{1}{2}\int_\Omega \tau_{33}\,\partial_3 u_3\,\partial_3 u_3 = 0,$$

(1.4-4) $$\forall v_\beta \in V_\beta, \quad \int_\Omega \sigma_{i\beta}\,\partial_i v_\beta = \int_\gamma \left\{\int_{-1}^{1} v_\alpha dt\right\} h_\alpha,$$

(1.4-5) $$\forall v_3 \in V_3, \quad \int_\Omega \sigma_{i3}\,\partial_i v_3 + \int_\Omega \sigma_{ij}\,\partial_i u_3 \partial_j v_3 = \int_\Omega f_3 v_3 + \int_{\Gamma_+ \cup \Gamma_-} g_3 v_3,$$

avec :

(1.4-6) $$V_1 = V_2 = \{v \in W^{1,4}(\Omega),\ v \text{ indépendant de } x_3 \text{ sur } \Gamma_0\},$$

(1.4-7) $$V_3 = \{v \in W^{1,4}(\Omega),\ v = 0 \text{ sur } \Gamma_0\}.$$

Remarque 1.4-1. Pour $v \in H^1(\Omega)$ (donc à fortiori $v \in W^{1,4}(\Omega)$), la condition : "v indépendant de x_3 sur Γ_0" est définie sans ambiguité. En effet, pour tout $v \in H^1(\Omega)$, la restriction de v à Γ_0 est bien définie au sens des traces comme élément de l'espace $L^2(\Gamma_0) \subset L^1(\Gamma_0)$. La composante Γ_0 de $\partial\Omega$ étant le produit $\gamma \times [-1,1]$

$(\gamma = \partial\omega$ (1.3-18)$)$, la mesure sur Γ_0 est le produit des mesures sur γ et sur $[-1,1]$. On en conclut que pour presque tout $(x_1,x_2) \in \gamma$, la fonction :

(1.4-8) $$x_3 \in [-1,1] \longrightarrow v(x_1,x_2,x_3) \in \mathbb{R},$$

est bien définie dans l'espace $L^1([-1,1])$ (Théorème de Fubini). La quantité $\int_{-1}^{1} v(x_1,x_2,t)dt$ existe alors en même temps que la fonction (1.4-8) ; on dira donc que $v \in H^1(\Omega)$ est indépendant de x_3 sur Γ_0 si $($pour presque tout $(x_1,x_2) \in \gamma)$:

$$v(x_1,x_2,x_3) = \frac{1}{2}\int_{-1}^{1} v(x_1,x_2,t)dt. \qquad \blacksquare$$

Un rapide examen des relations (1.4-1)-(1.4-5) montre qu'elles conservent un sens si, au lieu des espaces V_β définis en (1.4-6), les fonctions v_β varient dans (les composantes u_α étant considérées dans) les espaces :

(1.4-9) $$V_1' = V_2' = \{v \in H^1(\Omega) \ ; \ v \text{ indépendant de } x_3 \text{ sur } \Gamma_0\},$$

ceux-ci étant bien définis comme on l'a vu à la Remarque 1.4-1.

Cela nous conduit à traiter le problème posé dans l'espace $\sum \times V'$, avec :

(1.4-10) $$V' = V_1' \times V_2' \times V_3,$$

plutôt que dans l'espace $\sum \times V$ (l'intérêt de cette motivation apparaîtra ultérieurement et nous reviendrons à l'espace $\sum \times V$ lors de l'établissement des résultats d'existence (Chapitre 2, Remarque 2.1-4)).

La première étape vers la preuve de l'équivalence avec les équations de von Kármán consiste à remarquer dans le prochain théorème, que les équations (1.4-1)-(1.4-5) sont équivalentes à un *problème bidimensionnel,* dans le sens que toutes les inconnues u_i, σ_{ij}, peuvent être calculées à partir des solutions (u_α^0, u_3) d'un problème bidimensionnel. La seconde étape (paragraphe 5) consistera à voir que ce problème bidimensionnel est lui-même équivalent aux équations de von Kármán. Les questions d'existence de solutions pour ces problèmes et celles relatives à leur régularité seront examinées au Chapitre 2.

Dans la suite, ∂_ν désigne l'opérateur de dérivation suivant la normale extérieure le long de la frontière γ, et nous posons par commodité :

(1.4-11) $$g_{3\pm} = g_3 \text{ sur } \Gamma_\pm \ .$$

Pour fixer les idées, il est supposé dans le théorème suivant que $f_3 \in L^2(\Omega)$, $g_{3\pm} \in L^2(\omega)$, de sorte que les premiers termes apparaissant dans les équations (1.4-22) ci-après sont dans l'espace $L^2(\Omega)$.

THEOREME 1.4-1 : *Considérons le problème bidimensionnel :*

(1.4-12) $$\frac{2E}{3(1-\nu^2)}\Delta^2 u_3^0 - 2\sigma_{\alpha\beta}^0\, \partial_{\alpha\beta} u_3^0 = g_{3+} + g_{3-} + \int_{-1}^{1} f_3 dt \text{ dans } \omega,$$

(1.4-13) $$\partial_\alpha \sigma_{\alpha\beta}^0 = 0 \text{ dans } \omega,$$

(1.4-14) $$u_3^0 = \partial_\nu u_3^0 = 0 \text{ sur } \gamma,$$

(1.4-15) $$\sigma_{\alpha\beta}^0 \nu_\alpha = h_\beta \in L^2(\gamma) \text{ sur } \gamma$$

avec :

(1.4-16) $$\begin{cases} \sigma_{\alpha\beta}^0 = \dfrac{E}{(1-\nu^2)}\{(1-\nu)\gamma_{\alpha\beta}(u^0) + \nu\gamma_{\mu\mu}(u^0)\delta_{\alpha\beta}\} + \\ \qquad + \dfrac{E}{2(1-\nu^2)}\{(1-\nu)\partial_\alpha u_3^0\, \partial_\beta u_3^0 + \nu\partial_\mu u_3^0 \partial_\mu u_3^0 \delta_{\alpha\beta}\},\ u^0 = (u_\alpha^0), \end{cases}$$

et soit (u_1^0, u_2^0, u_3^0) *une solution possédant la régularité*(1)

(1.4-17) $$u_3^0 \in H^4(\omega),\ u_\alpha^0 \in H^1(\omega).$$

Alors, l'élément (σ, u) *défini pour* $(x_1, x_2, x_3) \in \Omega$ *par :*

(1.4-18) $$u_3(x_1,x_2,x_3) = u_3^0(x_1,x_2) \quad (u_3 \in H^4(\Omega)),$$

(1.4-19) $$u_\alpha = u_\alpha^0 - x_3 \partial_\alpha u_3 \quad (u_\alpha \in H^1(\Omega)),$$

(1.4-20) $$\sigma_{\alpha\beta} = \sigma_{\alpha\beta}^0 - \frac{Ex_3}{(1-\nu^2)}\{(1-\nu)\partial_{\alpha\beta} u_3^0 + \nu\Delta u_3^0\, \delta_{\alpha\beta}\} (\sigma_{\alpha\beta} \in L^2(\Omega)),$$

(1.4-21) $$\sigma_{3\beta} = \sigma_{\beta 3} = -\frac{E}{2(1-\nu^2)}(1-x_3^2)\partial_\beta\, \Delta u_3^0 \quad (\sigma_{3\beta} \in H^1(\Omega)),$$

(1.4-22) $$\begin{cases} \sigma_{33} = \dfrac{(x_3+1)}{2} g_{3+} + \dfrac{(x_3-1)}{2} g_{3-} + \left\{\dfrac{(1+x_3)}{2}\displaystyle\int_{-1}^{1} f_3 dt - \int_{-1}^{x_3} f_3 dt\right\} \\ \qquad + \dfrac{Ex_3(1-x_3^2)}{6(1-\nu^2)}\Delta^2 u_3^0 - \dfrac{E(1-x_3^2)}{2(1-\nu^2)}\{(1-\nu)\partial_{\alpha\beta} u_3^0\, \partial_{\alpha\beta} u_3^0 + \nu(\Delta u_3^0)^2\} \\ \qquad (\sigma_{33} \in L^2(\Omega)), \end{cases}$$

est un élément de l'espace $\Sigma \times V'$ *qui est solution des équations* (1.4-1) *à* (1.4-5).

---

(1) Rappelons une fois de plus que l'existence d'une telle solution sera prouvée au Chapitre 2.

Réciproquement, soit $(\sigma,u) \in \sum \times V'$ *une solution des équations* (1.4-1) *à* (1.4-5) *qui possède la régularité indiquée aux équations* (1.4-18)-(1.4-22). *Alors, cette solution est nécessairement de la forme* (1.4-18)-(1.4-22) *avec* u_α^0 *et* u_3^0 *solution du problème aux limites* (1.4-12)-(1.4-15).

Démonstration : Elle sera répartie en plusieurs étapes :

1ère Etape : D'après les équations (1.4-1) :

$$(A^0\sigma)_{\alpha\beta} = \gamma_{\alpha\beta}(u) + \frac{1}{2}\partial_\alpha u_3 \partial_\beta u_3,$$

soit, sous forme équivalente :

$$(1.4\text{-}23)\quad \left\{ \begin{aligned} \sigma_{\alpha\beta} = {} & \frac{E}{(1-\nu^2)}\{(1-\nu)\gamma_{\alpha\beta}(u) + \nu\gamma_{\mu\mu}(u)\delta_{\alpha\beta}\} + \\ & + \frac{E}{2(1-\nu^2)}\{(1-\nu)\partial_\alpha u_3 \partial_\beta u_3 + \nu\partial_\mu u_3 \partial_\mu u_3 \delta_{\alpha\beta}\}. \end{aligned} \right.$$

En conséquence, un élément $(\sigma,u) \in \sum \times V'$ satisfait les équations (1.4-1) si et seulement si les relations (1.4-23) sont également satisfaites.

2ème Etape : Les équations (1.4-2) et (1.4-3) fournissent :

$$\partial_\alpha u_3 + \partial_3 u_\alpha + \partial_\alpha u_3 \partial_3 u_3 = 0,$$

$$\partial_3 u_3 \left(1 + \frac{1}{2}\partial_3 u_3\right) = 0,$$

de sorte que soit :

$$\partial_3 u_3(x) = 0 \text{ et } (\partial_\alpha u_3 + \partial_3 u_\alpha)(x) = 0$$

soit :

$$\partial_3 u_3(x) = -2 \text{ et } (\partial_\alpha u_3 - \partial_3 u_\alpha)(x) = 0,$$

pour presque tout $x \in \Omega$, les relations précédentes dépendant du point considéré. En général (exercice) on peut avoir $u_3 \in W^{1,4}(\Omega)$, $u_3 = 0$ sur Γ_0 cependant que $\partial_3 u_3$ vérifie tantôt $\partial_3 u_3(x) = 0$, tantôt $\partial_3 u_3(x) = -2$, dans le complémentaire d'un ensemble négligeable dans Ω. Cependant, si nous nous restreignons aux solutions possédant la régularité :

$$(1.4\text{-}24)\qquad u_3 \in H^3(\Omega),$$

l'ambiguïté est levée grâce à l'inclusion :

$$H^3(\Omega) \hookrightarrow \mathcal{C}^1(\bar{\Omega}),$$

puisque par continuité, la fonction $\partial_3 u_3$ est constante dans Ω : la condition $u_3 = 0$ sur Γ_0 élimine alors l'éventualité $\partial_3 u_3 = -2$ si bien que

$$(1.4\text{-}25) \qquad \partial_3 u_3 = 0,\ \partial_\alpha u_3 + \partial_3 u_\alpha = 0 \text{ dans } \Omega .$$

Les équations $\partial_3 u_3 = 0$ dans Ω et $u_3 = 0$ sur Γ_0 entraînent que la fonction $u_3 \in H^3(\Omega)$ peut être identifiée à une fonction (encore notée) $u_3 \in H_0^1(\omega) \cap H^3(\omega)$. Les relations $\partial_{33} u_\alpha = -\partial_{\alpha 3} u_3 = 0$ (obtenues en dérivant (1.4-25)) permettent de conclure qu'il existe des fonctions u_α^0, $u_\alpha^1 \in H^1(\omega)$ telles que :

$$u_\alpha = u_\alpha^0 + x_3 u_\alpha^1.$$

Par hypothèse, les fonctions $u_\alpha \in H^1(\omega)$ sont indépendantes de x_3 sur Γ_0 ; ce qui a pour conséquence d'imposer $u_\alpha^1 \in H_0^1(\omega)$ (dans le cas contraire, la variation de u_α par rapport à x_3 serait linéaire). Puisque $u_\alpha^1 = \partial_3 u_\alpha = -\partial_\alpha u_3$, d'après (1.4-25), on déduit que la fonction $u_3 \in H_0^1(\omega) \cap H^3(\omega)$ appartient en fait à l'espace $H_0^2(\omega)$. En résumé :

Un élément $(u_1,u_2,u_3) \in V_1' \times V_2' \times (V_3 \cap H^3(\Omega))$ *satisfait les équations* (1.4-2)-(1.4-3) *si et seulement si (la réciproque est immédiate !) :*

$$(1.4\text{-}26) \quad \begin{cases} u_3 \textit{ peut être identifié à une fonction de l'espace } H_0^2(\omega) \cap H^3(\omega), \\ \exists u_\alpha^0 \in H^1(\omega),\ u_\alpha = u_\alpha^0 - x_3 \partial_\alpha u_3. \end{cases}$$

Un tel élément (u_1,u_2,u_3) *est appelé "déplacement de Kirchhoff-Love".*

3ème Etape : Nous allons construire un problème variationnel dont les inconnues sont les fonctions $u_\alpha^0 \in H^1(\omega)$, $u_3 \in H_0^2(\omega)$ qui figurent dans (1.4-26). Pour cela choisissons dans les équations (1.4-1) des fonctions $\tau_{\alpha\beta} \in L^2(\Omega)$ de la forme particulière $\tau_{\alpha\beta}^0$, avec $\tau_{\alpha\beta}^0 \in L^2(\omega)$: en remarquant que pour tout tenseur $(\tau_{\alpha\beta}) \in (L^2(\Omega))_s^4$, on a :

$$\int_\Omega \tau_{\alpha\beta}\, \gamma_{\alpha\beta}(u) = \int_\Omega \tau_{\alpha\beta}\, \partial_\alpha u_\beta,$$

grâce à la symétrie du tenseur $\gamma_{\alpha\beta}(u)$, et que l'opérateur A^0 (1.3-30) commute avec l'intégration par rapport à la variable x_3, un simple calcul montre que :

(1.4-27) $\forall(\tau^0_{\alpha\beta}) \in \left(L^2(\omega)\right)^4_s, \int_\omega (A^0n)_{\alpha\beta}\tau^0_{\alpha\beta} - 2\int_\omega \tau^0_{\alpha\beta}\,\partial_\alpha u^0_\beta - \int_\omega \tau^0_{\alpha\beta}\,\partial_\alpha u_3 \partial_\beta u_3 = 0,$

où $n = (n_{\alpha\beta})$ est le tenseur 2×2 symétrique :

(1.4-28) $$n_{\alpha\beta} = \int_{-1}^{1} \sigma_{\alpha\beta}\, dt.$$

Dans le même ordre d'idées, prenons des fonctions v_β dans (1.4-4) de la forme particulière $v^0_\beta \in H^1(\omega)$ (de sorte que la condition "v_β indépendent de x_3 sur Γ_0" est automatiquement satisfaite). Puisque $\partial_3 v^0_\beta = 0$, on obtient :

(1.4-29) $$\forall v^0_\beta \in H^1(\omega),\ \int_\omega n_{\alpha\beta}\,\partial_\alpha v^0_\beta = 2\int_\gamma h_\alpha v^0_\alpha.$$

En reprenant les équations (1.4-1) en faisant cette fois le choix particulier $\tau_{\alpha\beta} \in L^2(\Omega)$ de la forme $x_3\tau^1_{\alpha\beta}$, $\tau^1_{\alpha\beta} \in L^2(\omega)$, on trouve :

(1.4-30) $$\forall(\tau^1_{\alpha\beta}) \in \left(L^2(\omega)\right)^4_s,\ \int_\omega (A^0m)_{\alpha\beta}\,\tau^1_{\alpha\beta} + \frac{2}{3}\int_\omega \tau^1_{\alpha\beta}\,\partial_{\alpha\beta}u_3 = 0,$$

où $m = (m_{\alpha\beta})$ est le tenseur 2×2 symétrique :

(1.4-31) $$m_{\alpha\beta} = \int_{-1}^{1} t\ \sigma_{\alpha\beta}\, dt.$$

On notera que les fonctions $m_{\alpha\beta}$ et $n_{\alpha\beta}$ appartiennent à l'espace $L^2(\omega)$ dès que $\sigma_{\alpha\beta} \in L^2(\Omega)$.

Enfin, pour v_3 de la forme particulière $v \in H^2_0(\omega)$ dans (1.4-5) et v_β de la forme $x_3\partial_\beta v$ $\left(\text{la } \textit{même} \text{ fonction } v \in H^2_0(\omega)\right)$ dans (1.4-4), l'élimination de l'intégrale $\int_\Omega \sigma_{3\beta}\,\partial_\beta v$ entre les deux équations résultantes fournit :

(1.4-32) $$\forall v \in H^2_0(\omega),\ -\int_\omega m_{\alpha\beta}\,\partial_{\alpha\beta}v + \int_\omega n_{\alpha\beta}\,\partial_\alpha u_3 \partial_\beta v = \int_\omega \left\{g_{3+} + g_{3-} + \int_{-1}^{1} f_3 dt\right\} v$$

Il découle de (1.4-27) et (1.4-30) que les fonctions $n_{\alpha\beta}$ et $m_{\alpha\beta}$ peuvent être calculées au moyen des fonctions u^0_α et u_3 :

$$\frac{1}{2}(A^0n)_{\alpha\beta} = \gamma_{\alpha\beta}(u^0) + \frac{1}{2}\partial_\alpha u_3 \partial_\beta u_3,$$

$$(A^0m)_{\alpha\beta} = -\frac{2}{3}\,\partial_{\alpha\beta}u_3\ ,$$

soit puisque l'opérateur linéaire A^0 (1.3-30) est inversible sur les tenseurs 2×2 :

(1.4-33) $$\left\{\begin{aligned} n_{\alpha\beta} &= \frac{2E}{1-\nu^2}\left\{(1-\nu)\gamma_{\alpha\beta}(u^0) + \nu\gamma_{\mu\mu}(u^0)\delta_{\alpha\beta}\right\} \\ &\quad + \frac{E}{(1-\nu^2)}\left\{(1-\nu)\partial_\alpha u_3\ \partial_\beta u_3 + \nu\partial_\mu u_3 \partial_\mu u_3 \delta_{\alpha\beta}\right\},\ u^0 = (u^0_\alpha) \end{aligned}\right.$$

(1.4-34) $$m_{\alpha\beta} = -\frac{2E}{3(1-\nu^2)}\left\{(1-\nu)\partial_{\alpha\beta}u_3 + \nu\Delta u_3\delta_{\alpha\beta}\right\}.$$

Bien entendu, les valeurs obtenues en (1.4-33) et (1.4-34) pour les fonctions $n_{\alpha\beta}$ et $m_{\alpha\beta}$ sont compatibles avec les expressions trouvées en (1.4-23) pour les fonctions $v_{\alpha\beta}$. D'ailleurs, on peut noter que $\frac{1}{2}n_{\alpha\beta}$ est exactement la valeur de $\sigma_{\alpha\beta}$ pour $x_3 = 0$. Cette observation justifie la notation :

(1.4-35) $$\sigma^0_{\alpha\beta} = \frac{1}{2}n_{\alpha\beta},$$

que nous utiliserons désormais. Enfin, en vertu de (1.4-26), (1.4-33) et (1.4-35) les fonctions $\sigma_{\alpha\beta}$ de (1.4-23) peuvent être écrites :

(1.4-36) $$\sigma_{\alpha\beta} = \sigma^0_{\alpha\beta} - \frac{Ex_3}{(1-\nu^2)}\left\{(1-\nu)\partial_{\alpha\beta}u_3 + \nu\Delta u_3\,\delta_{\alpha\beta}\right\},$$

ou, à l'aide de (1.4-34) :

(1.4-37) $$\sigma_{\alpha\beta} = \sigma^0_{\alpha\beta} + \frac{3}{2}x_3\,m_{\alpha\beta}.$$

Avec la notation (1.4-35), on s'aperçoit que l'élément $(u^0,u_3) \in \{H^1(\omega)\}^2 \times H^2_0(\omega)$ doit vérifier les équations variationnelles {qui sont simplement la traduction des équations (1.4-29) et (1.4-32)} :

(1.4-38) $$\forall v^0 = (v^0_\beta) \in \{H^1(\omega)\}^2, \quad \int_\omega \sigma^0_{\alpha\beta}\,\partial_\alpha v^0_\beta = \int_\gamma h_\beta v^0_\beta,$$

(1.4-39) $\forall v \in H^2_0(\omega)$,
$$\frac{2E}{3(1-\nu^2)}\int_\omega \Delta u_3 \Delta v + 2\int_\omega \sigma^0_{\alpha\beta}\,\partial_\alpha u_3 \partial_\beta v = \int_\omega \left\{g_{3+} + g_{3-} + \int_{-1}^{1} f_3 dt\right\}v,$$

où, pour obtenir la dernière équation, nous avons utilisé l'identité :

$$\forall u,v \in H^2_0(\omega), \quad \int_\omega \Delta u \Delta v = \int_\omega \partial_{\alpha\beta}u\,\partial_{\alpha\beta}v.$$

Sous la forme (1.4-38)-(1.4-39), il apparaît clairement que le couple $(\sigma^0,u_3) \in \{L^2(\omega)\}^4_s \times \{H^3(\omega) \cap H^1_0(\omega)\}$ est solution des équations (1.4-12)-(1.4-15) une fois que l'on a remarqué que grâce aux conditions (1.4-13) chacune des deux fonctions (à valeurs vectorielles) $(\sigma_{1\beta},\sigma_{2\beta})$ appartient à l'espace :

$$H(\mathrm{div};\omega) = \{X = (X_1,X_2) \in \{L^2(\omega)\}^2 \;;\; \mathrm{div}\, X = \partial_\alpha X_\alpha \in L^2(\omega)\}$$

et qu'en conséquence (cf. TEMAM [1977, p.9]) les conditions de bord (1.4-15) ont un sens dans l'espace $H^{-\frac{1}{2}}(\gamma)$ {qui contient l'espace $L^2(\gamma)$}.

4ème Etape : calcul des fonctions $\sigma_{3\beta}$. En employant les valeurs trouvées en (1.4-37) pour les fonctions $\sigma_{\alpha\beta}$, les membres de gauche des équations (1.4-4) peuvent être exprimés de façon équivalente par :

$$\int_\Omega \sigma_{i\beta}\,\partial_i v_\beta = \int_\omega \sigma^0_{\alpha\beta}\Big\{\int_{-1}^{1}\partial_\alpha v_\beta dt\Big\} + \frac{3}{2}\int_\Omega t\, m_{\alpha\beta}\,\partial_\alpha v_\beta + \int_\Omega \sigma_{3\beta}\,\partial_3 v_\beta,$$

pour tout $v_\beta \in V'_\beta$ (1.4-9).

Pour toute fonction $v_\beta \in H^1(\Omega)$, la fonction $\int_{-1}^{1} v_\beta\, dt$ appartient à l'espace $H^1(\omega)$ et :

$$\partial_\alpha\Big\{\int_{-1}^{1} v_\beta dt\Big\} = \int_{-1}^{1}\partial_\alpha v_\beta\, dt \;;$$

par suite, l'utilisation de l'équation (1.4-38) permet de conclure que les équations (1.4-4) sont satisfaites si et seulement si :

(1.4-40) $$\forall v_\beta \in V'_\beta,\ \frac{3}{2}\int_\Omega t\, m_{\alpha\beta}\,\partial_\alpha v_\beta + \int_\Omega \sigma_{3\beta}\partial_3 v_\beta = 0.$$

En observant que l'hypothèse $u_3 \in H^3(\omega)$ entraîne $\partial_\alpha m_{\alpha\beta} \in L^2(\omega)$ et que l'espace V'_β contient l'espace $\mathcal{D}(\Omega)$, l'équation précédente exprime en particulier la relation :

(1.4-41) $$\partial_3\sigma_{3\beta} = -\frac{3}{2}\, x_3\partial_\alpha\, m_{\alpha\beta} \in L^2(\Omega)$$

Ainsi, on a simultanément $\sigma_{3\beta} \in L^2(\Omega)$ et $\partial_3\sigma_{3\beta} \in L^2(\Omega)$. Ceci permet de définir la trace de $\sigma_{3\beta}$ sur $\Gamma_+ \cup \Gamma_-$ au sens de l'espace $L^2(\Gamma_+ \cup \Gamma_-)$. Sans entrer dans les détails, ceci se démontre en établissant que pour w régulier dans Ω et $v = (v_+, v_-) \in \mathcal{D}(\Gamma_+) \times \mathcal{D}(\Gamma_-) \simeq (\mathcal{D}(\omega))^2$, on a en posant $\tilde{v} = \frac{1}{2}(v_+ + v_-)x_3 + \frac{1}{2}(v_+ - v_-) \in L^2(\Omega)$,

(1.4-42) $$\int_{\Gamma_+} wv_+ + \int_{\Gamma_-} wv_- = \int_\Omega \tilde{v}\partial_3 w + \frac{1}{2}\int_\Omega (v_+ + v_-)w,$$

égalité qui se prolonge (pour w fixé) aux éléments $v \in L^2(\Gamma_+) \times L^2(\Gamma_-)$. L'espace $\{w \in L^2(\Omega)\ ;\ \partial_3 w \in L^2(\Omega)\}$ contenant un sous-espace dense de fonctions régulières (LIONS-MAGENES [1968, p. 13 et suivantes]), le membre de droite de (1.4-42) et donc celui de gauche, se prolonge aux éléments $w \in L^2(\Omega)$ pour lesquels $\partial_3 w \in L^2(\Omega)$, définissant ainsi une forme linéaire continue sur l'espace hilbertien $L^2(\Gamma_+) \times L^2(\Gamma_-)$ (donc un élément de cet espace) qui coïncide avec la trace pour des fonctions régulières. Le résultat découle alors de l'identité entre les espaces $L^2(\Gamma_+ \cup \Gamma_-)$ et $L^2(\Gamma_+) \times L^2(\Gamma_-)$ puisque Γ_+ et Γ_- sont disjoints .

Par l'intermédiaire d'une formule de Green, on s'aperçoit que pour obtenir une formulation équivalente à (1.4-40), on doit, outre la condition (1.4-41), imposer :

(1.4-43) $\qquad \sigma_{3\beta} = 0$ sur $\Gamma_+ \cup \Gamma_-$ (au sens de $L^2(\Gamma_+ \cup \Gamma_-)$.

Il est alors facile de voir que l'équation (1.4-41) avec la condition aux limites (1.4-43) possède au plus une solution puisque la condition $\partial_3 \sigma_{3\beta} = 0$ exprime que $\sigma_{3\beta}$ s'identifie à un élément de l'espace $L^2(\omega)$ qui doit être nul grâce à (1.4-43). Puisque :

(1.4-44) $$\sigma_{3\beta} = \frac{3}{4}(1-x_3^2)\partial_\alpha m_{\alpha\beta}$$

est manifestement solution de (1.4-41) et vérifie (1.4-43), c'est celle (unique) du problème. Notons que par (1.4-34), l'élément $\sigma_{3\beta}$ s'exprime uniquement en fonction de u_3 par :

(1.4-45) $$\sigma_{3\beta} = -\frac{E}{2(1-\nu^2)}(1-x_3^2)\partial_\beta \Delta u_3 .$$

Il sera également commode (pour la prochaine étape) d'observer que grâce à (1.4-13) et (1.4-37), on peut écrire (1.4-44) sous la forme :

(1.4-46) $$\sigma_{3\beta} = -\partial_\alpha \sigma_{\alpha\beta} .$$

5ème Etape : calcul de la fonction σ_{33}. Considérant le fait que $\partial_3 u_3 = 0$ (cf. (1.4-25)) et que $\sigma_{\alpha 3} = 0$ sur $\Gamma_+ \cup \Gamma_-$ (cf. (1.4-43)), le membre de gauche de l'équation (1.4-5) peut être récrit :

$$\forall v_3 \in V_3, \int_\Omega \sigma_{i3}\,\partial_i v_3 + \int_\Omega \sigma_{ij}\,\partial_i u_3 \partial_j v_3 =$$

$$= \int_\Omega \{\partial_3\sigma_{33} + \partial_\alpha \sigma_{\alpha 3} + \partial_j(\sigma_{\alpha j}\,\partial_\alpha u_3)\} v_3 + \int_{\Gamma_+} \sigma_{33} v_3 - \int_{\Gamma_-} \sigma_{33} v_3 ,$$

formule dans laquelle on a utilisé les propriétés $\partial_\alpha \sigma_{\alpha 3} \in L^2(\Omega)$ et $\partial_j(\sigma_{\alpha j}\,\partial_\alpha u_3) \in L^2(\Omega)$ qui découlent de l'hypothèse $u_3 \in H^4(\omega)$ (non encore utilisée : seule la régularité $H^3(\omega)$ a été employée jusqu'ici). En reprenant un argument développé à l'étape précédente, on conclut que de façon équivalente, les équations (1.4-5) sont satisfaites si et seulement si l'élément $\sigma_{33} \in L^2(\Omega)$ vérifie :

(1.4-47) $$\partial_3 \sigma_{33} = -\partial_\alpha \sigma_{\alpha 3} - \partial_j(\sigma_{\alpha j}\,\partial_\alpha u_3) - f_3 \text{ dans } \Omega,$$

(1.4-48) $$\sigma_{33} = \pm\, g_{3\pm} \text{ sur } \Gamma_\pm ,$$

cette dernière condition ayant un sens dans l'espace $L^2(\Gamma_+ \cup \Gamma_-)$, puisque d'après (1.4-47), on a $\partial_3\sigma_{33} \in L^2(\Omega)$. Comme à la 4ème étape, on montre que les équations (1.4-47)-(1.4-48) possèdent au plus une solution ; il ne nous reste plus qu'à vérifier que l'élément

(1.4-49) $$\begin{cases} \sigma_{33} = \dfrac{g_{3+} - g_{3-}}{2} + \dfrac{1}{2}\displaystyle\int_{-1}^{1} f_3 dt - \int_{-1}^{x_3} f_3\, dt \\ \qquad - x_3\, \sigma^0_{\alpha\beta}\, \partial_{\alpha\beta} u_3 - \dfrac{(3x_3 - x_3^3)}{4}\, \partial_\alpha m_{\alpha\beta} + \dfrac{3}{4}(1-x_3^2) m_{\alpha\beta}\, \partial_{\alpha\beta} u_3 , \end{cases}$$

est solution du problème.

En premier lieu, (1.4-49) montre que :

(1.4-50) $$\sigma_{33} = \frac{g_{3+} - g_{3-}}{2} \pm \frac{1}{2}\left\{\int_{-1}^{1} f_3 dt + 2\sigma^0_{\alpha\beta}\, \partial_{\alpha\beta} u_3 + \partial_\alpha m_{\alpha\beta}\right\} \text{ sur } \Gamma_\pm$$

En utilisant successivement (1.4-34) et (1.4-12), nous obtenons :

(1.4-51) $$- \partial_\alpha u_{\alpha\beta} = \frac{2E}{3(1-\nu^2)}\, \Delta^2 u_3 = 2\sigma^0_{\alpha\beta}\, \partial_{\alpha\beta} u_3 + g_{3+} + g_{3-} + \int_{-1}^{1} f_3 dt,$$

ce qui, par report dans (1.4-50) fournit bien :

$$\sigma_{33} = \pm\, g_{3\pm} \text{ sur } \Gamma_\pm,$$

soit les conditions aux limites (1.4-48).

Nous devons ensuite vérifier que :

(1.4-52) $$\partial_3\sigma_{33} + \partial_\alpha\sigma_{\alpha 3} + \partial_j(\sigma_{\alpha j}\, \partial_\alpha u_3) + f_3 = 0 \text{ dans } \Omega.$$

D'une part, nous extrayons directement de (1.4-49) :

(1.4-53) $$\partial_3\sigma_{33} = - f_3 - \sigma^0_{\alpha\beta}\, \partial_{\alpha\beta} u_3 - \frac{3}{4}(1-x_3^2)\partial_{\alpha\beta} m_{\alpha\beta} - \frac{3}{2} x_3 m_{\alpha\beta} \partial_{\alpha\beta} u_3 ,$$

et d'autre part,

(1.4-54) $$\partial_\alpha\sigma_{\alpha 3} = \frac{3}{4}(1-x_3^2)\partial_{\alpha\beta} m_{\alpha\beta} \quad \big(\text{par } (1.4\text{-}44)\big)$$

(1.4-55) $$\begin{aligned} \partial_j(\sigma_{\alpha j}\, \partial_\alpha u_3) &= \sigma_{\alpha\beta}\, \partial_{\alpha\beta} u_3 \quad \big((\text{par } (1.4\text{-}25) \text{ et } (1.4\text{-}46))\big) \\ &= \sigma^0_{\alpha\beta}\, \partial_{\alpha\beta} u_3 + \frac{3}{2} x_3 m_{\alpha\beta}\, \partial_{\alpha\beta} u_3 \quad \big(\text{par } (1.4\text{-}37)\big), \end{aligned}$$

et (1.4-52) est conséquence de (1.4-53), (1.4-54) et (1.4-55). Pour terminer, nous devons montrer que l'expression (1.4-49) coïncide avec la formule (1.4-22), ce qui découle des relations :

$$m_{\alpha\beta}\ \partial_{\alpha\beta}u_3 = -\frac{2E}{3(1-\nu^2)}\{(1-\nu)\partial_{\alpha\beta}u_3\ \partial_{\alpha\beta}u_3 + \nu(\Delta u_3)^2\}\ \big(\text{par } 1.4\text{-}34)\big),$$

$$\partial_{\alpha\beta}m_{\alpha\beta} = -\frac{2E}{3(1-\nu^2)}\Delta^2 u_3 \quad (1.4\text{-}51),$$

qui, compte tenu de la valeur de $\sigma^0_{\alpha\beta}\ \partial_{\alpha\beta}u^0_3$ que l'on peut déduire de (1.4-12), fournissent :

$$- x_3\ \sigma^0_{\alpha\beta}\ \partial_{\alpha\beta}u_3 - \frac{(3x_3-x_3^3)}{4}\ \partial_{\alpha\beta}m_{\alpha\beta} + \frac{3}{4}(1-x_3^2)m_{\alpha\beta}\ \partial_{\alpha\beta}u_3 =$$
$$= \frac{x_3}{2}\{g_{3+} + g_{3-} + \int_{-1}^{1} f_3 dt\} + \frac{E}{6(1-\nu^2)}x_3(1-x_3^2)\Delta^2 u_3$$
$$- \frac{E}{2(1-\nu^2)}(1-x_3^2)\{(1-\nu)\partial_{\alpha\beta}u_3\ \partial_{\alpha\beta}u_3 + \nu(\Delta u_3)^2\}.$$

Le report de cette expression dans la relation (1.4-49) donne le résultat.

6ème Etape : Conclusions. Supposons en premier lieu que le problème aux limites (1.4-12)-(1.4-15) possède une solution de régularité (1.4-17), et soit $(\sigma,u) = \big((\sigma_{ij}),(u_i)\big) \in \Sigma \times V'$ obtenu par (1.4-18)-(1.4-22). Alors :

(i) D'après la 2ème étape, les équations (1.4-2)-(1.4-5) sont vérifiées.

(ii) Les fonctions u_i étant celles de (1.4-18)-(1.4-19), les fonctions $\sigma_{\alpha\beta}$ de (1.4-20) ont la forme (1.4-23) et les équations (1.4-1) sont vérifiées d'après la première étape.

(iii) Les fonctions $\sigma_{\alpha\beta}$ étant celles de (1.4-20), les équations (1.4-4) sont vérifiées si les fonctions $\sigma_{3\beta}$ sont de la forme (1.4-21) (4ème étape).

(iv) Les fonctions u_3 et $\sigma_{\alpha j}$ étant celles de (1.4-18) et (1.4-20)-(1.4-21) respectivement, les équations (1.4-5) sont vérifiées si la fonction σ_{33} est de la forme (1.4-22) d'après la 5ème étape $\big($on notera que la régularité $u_3 \in H^4(\omega)$ est nécessaire pour assurer que $\sigma_{33} \in L^2(\Omega)\big)$.

Réciproquement, supposons que $(\sigma,u) \in \Sigma \times V'$ est solution des équations (1.4-1)-(1.4-5) avec $u_3 \in H^4(\Omega)$. Alors :

(i) D'après la 2ème étape, la fonction u_3 est de la forme (1.4-18) et il existe des fonctions $u^0_\alpha \in H^1(\omega)$ telles que les fonctions u_α soient de la forme (1.4-19).

(ii) D'après la 3ème étape, les fonctions $u^0_\alpha \in H^1(\omega)$ et $u_3 \in H^2_0(\omega) \cap H^4(\omega)$ sont nécessairement solutions du problème aux limites (1.4-12)-(1.4-15).

(iii) D'après la première étape, les fonctions $\sigma_{\alpha\beta}$ sont de la forme (1.4-23) qui se réduit à (1.4-20) en vertu de l'aspect particulier des fonctions u_i.

(iv) Les fonctions $\sigma_{\alpha\beta}$ étant celles de (1.4-20), il découle de la 4ème étape que les fonctions $\sigma_{3\beta}$ sont nécessairement de la forme (1.4-21).

(v) Les fonctions u_3 et $\sigma_{\alpha j}$ étant celles de (1.4-18) et (1.4-20)-(1.4-21) respectivement, la 5ème étape (dans laquelle l'hypothèse $u_3 \in H^4(\omega)$ est nécessaire) montre que la fonction σ_{33} est obligatoirement fournie par l'expression (1.4-22).■

Remarque 1.4-2. Si nous avions considéré des conditions aux limites de la forme :

$$\begin{cases} \sigma_{i3} + \sigma_{k3}\, \partial_k u_i = \pm\, g_i^\varepsilon \text{ sur } \Gamma_\pm^\varepsilon \\ u_3 = 0 \text{ sur } \Gamma_0^\varepsilon,\ (\sigma_{\alpha\beta} + \sigma_{k\beta}\, \partial_k u_\alpha)\nu_\beta = H_\alpha^\varepsilon \text{ sur } \Gamma_0^\varepsilon, \end{cases}$$

au lieu des conditions (1.3-12)-(1.3-14) pour le problème tridimensionnel, l'analogue de la 2ème étape aurait fourni la fonction u_3 dans l'espace $H^3(\omega) \cap H_0^1(\omega)$ (au lieu de $H^3(\omega) \cap H_0^2(\omega)$). Pour satisfaire l'analogue des équations (1.4-4), il aurait fallu que les fonctions $\sigma_{\alpha\beta}$ correspondantes vérifient des conditions de bord du type :

$$\sigma_{\alpha\beta}\, \nu_\beta = H_\alpha \text{ sur } \Gamma_0, \tag{1.4-56}$$

tandis que dans le cas présent elles ne sont astreintes qu'à satisfaire les relations (plus faibles) :

$$\left\{\int_{-1}^{1} \sigma_{\alpha\beta}\, dt\right\}\nu_\beta = 2h_\alpha,$$

découlant de (1.4-15) et (1.4-20). On peut voir (exercice !) qu'il *n'est pas possible* de vérifier les conditions (1.4-56). ■

Remarque 1.4-3. Comme nous le verrons dans le prochain paragraphe, l'existence d'une solution de l'un quelconque des problèmes considérés au Théorème 1.4-1 nécessite que les fonctions h_α satisfassent une certaine condition de compatibilité à laquelle, pour plus de clarté, nous n'avons pas fait allusion ici. ■

Remarque 1.4-4 : Le problème bidimensionnel (1.4-12)-(1.4-15) est obtenu par "passage à la limite" à partir du problème tridimensionnel (1.3-10)-(1.3-14). Dans ces conditions, il n'est naturel de choisir les problèmes (1.4-12)-(1.4-15) pour traduire le problème (1.3-10)-(1.3-14) que pour ε "petit".

Si nous fixons ε, ceci signifie, d'après la Remarque 1.3-1, que nous avons affaire à un matériau donné, de module de Young E' (caractéristique du matériau), relié au coefficient E par

(1.4-57) $$E' = E\,\varepsilon^{-3},$$

auquel cas la constante E figurant dans (1.4-12) est égale à $E = E'\varepsilon^3$ et le problème tridimensionnel prend alors une forme connue.

La condition "ε petit" permet de préciser, au moins formellement, le domaine de validité physique de l'approximation du problème tridimensionnel par le problème bidimensionnel dans deux directions : la première est que celle-ci n'est valable que si la configuration géométrique occupée par le matériau est une plaque, c'est-à-dire que son épaisseur (ici 2ε) est petite vis-à-vis des autres dimensions et la seconde est que le module de Young E' du matériau doit être grand. En effet, si nous gardons à l'esprit que *la constante* E *est fixée dans le problème limite*, la relation (1.4-57) montre clairement que pour deux matériaux de modules de Young E_1' et E_2' occupant des configurations géométriques de même surface moyenne ω et d'épaisseurs respectives ε_1 et ε_2 de sorte que :

(1.4-58) $$E_1' = E\,\varepsilon_1^{-3}, \quad E_2' = E\,\varepsilon_2^{-3},$$

et conduisant par conséquent au même problème bidimensionnel de coefficient E, la traduction par ce dernier du comportement tridimensionnel sera plus fidèle pour celui qui correspond à *l'épaisseur la plus petite* (puisque le problème limite est obtenu pour ε tendant vers 0) et par conséquent [cf. (1.4-58)] à celui qui correspond au *module de Young le plus grand.*

Nous concluons donc à priori (faute d'avoir une estimation entre les solutions du problème bidimensionnel et celles du problème tridimensionnel dont l'existence mathématique n'est d'ailleurs pas connue à ce jour) que le problème bidimensionnel (1.4-12)-(1.4-15) (et par là même le problème de von Kármán auquel il équivaut comme nous le verrons au prochain paragraphe) de coefficient $E = E'\varepsilon^3$ (cf. (1.4-57)) ne peut raisonnablement servir de modèle au problème tridimensionnel d'une plaque d'épaisseur 2ε constituée d'un matériau de module de Young E' que si d'une part l'épaisseur est petite et la rigidité du matériau est grande (i.e. E' grand). Ces observations figurent en préambule plus ou moins implicite à l'établissement des modèles de plaques et sont en général comprises comme étant suffisantes pour permettre de traduire le phénomène tridimensionnel par un problème bidimensionnel. La démarche adoptée ici est inverse et tend à prouver que ces conditions sont en réalité *nécessaires*. ∎

1.5. ÉQUIVALENCE AVEC LES ÉQUATIONS DE VON KÁRMÁN

LEMMES PREPARATOIRES

Le paragraphe précédent a montré que le premier terme (σ,u) du développement asymptotique (1.3-40) se calcule explicitement en fonction des solutions (u_1^0,u_2^0,u_3) d'un problème bidimensionnel posé sur l'ouvert ω.

Dans ce paragraphe, nous supposerons que l'ouvert ω est simplement connexe et que sa frontière γ est $\mathscr{C}^\infty$: cette dernière condition suffit à conclure que ω est un "ouvert de Nikodym", c'est-à-dire que les conditions :

$$T\in \mathscr{D}'(\omega),\ \partial_\alpha T\in L^2(\omega)$$

entraînent :

$$T\in L^2(\omega)\ \left(\text{donc } T\in H^1(\omega)\right).$$

(Les ouverts bornés dont la frontière est de classe $\mathscr{C}^0$ sont des ouverts de Nikodym: cf. NEČAS [1967], ch. 2, par. 7.4).On peut également exhiber des classes d'ouverts de Nikodym sans faire d'hypothèse sur leur frontière : par exemple, les ouverts étoilés sont des ouverts de Nikodym (DENY-LIONS [1954]).

Puisque l'ouvert ω est simplement connexe, sa frontière γ est connexe (nous sommes en dimension 2) : c'est donc une variété $\mathscr{C}^\infty$ connexe de dimension 1, compacte puisque l'ouvert est borné et par suite difféomorphe au cercle-unité S^1, ce qui prouve que γ est une courbe fermée simple du plan. On peut toujours supposer que l'origine 0 appartient à γ auquel cas les considérations précédentes permettent de définir (pour les notions de paramétrisation des courbes, cf. BERGER-GOSTIAUX [1972]) l'abscisse curviligne d'un point $y\in\gamma$ comptée à partir de 0 dans le sens direct. Pour un tel point $y\in\gamma$, on appellera $\gamma(y)$ l'arc orienté (dans le sens direct) joignant 0 à y sur γ : dans ces conditions, $\gamma(0) = \gamma$. De la même façon, nous appellerons $\nu(y)$ et $\tau(y)$ les vecteurs unitaires normal extérieur et tangent (orienté dans le sens direct) à γ au point $y\in\gamma$:

Pour les définitions et propriétés usuelles des espaces $H^s(\gamma)$, $s\geq 0$, nous nous reportons à l'Annexe et à LIONS-MAGENES [1968], ADAMS [1975].

Les deux lemmes suivants fournissent un outil préliminaire indispensable à la suite.

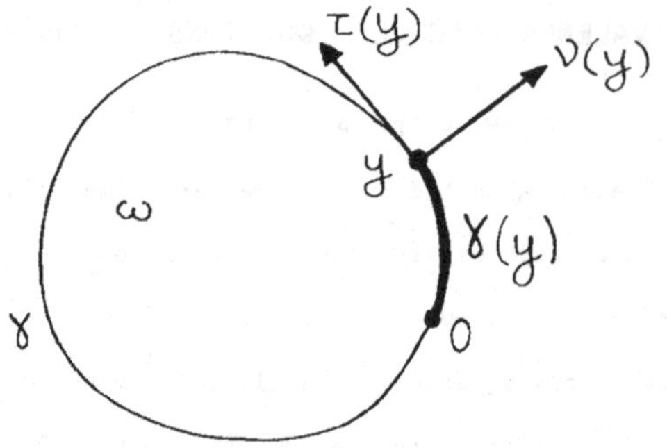

fig. 1.5-1

LEMME 1.5-1 : *Soit* $m \geq 0$ *un entier et soient* $h_1, h_2 \in H^{m+\frac{1}{2}}(\gamma)$ *des fonctions données satisfaisant à la "condition de compatibilité" :*

$$\int_\gamma h_1 = \int_\gamma h_2 = \int_\gamma x_2 h_1 - x_1 h_2 = 0. \tag{1.5-1}$$

Alors, les fonctions φ_0 *et* φ_1 *définies par :*

$$y \in \gamma \rightarrow \varphi_0(y) = -y_1 \int_{\gamma(y)} h_2 + y_2 \int_{\gamma(y)} h_1 + \int_{\gamma(y)} (x_1 h_2 - x_2 h_1), \tag{1.5-2}$$

$$y \in \gamma \rightarrow \varphi_1(y) = -\nu_1(y) \int_{\gamma(y)} h_2 + \nu_2(y) \int_{\gamma(y)} h_1, \tag{1.5-3}$$

appartiennent aux espaces $H^{m+\frac{5}{2}}(\gamma)$ *et* $H^{m+\frac{3}{2}}(\gamma)$ *respectivement.*

Démonstration : Tout d'abord, grâce aux conditions de compatibilité (1.5-1), les fonctions φ_0 et φ_1 sont définies sans équivoque possible sur γ.

On établit sans difficulté que si $\psi : \gamma \rightarrow \mathbb{R}$ est une fonction suffisamment régulière de l'abscisse curviligne le long de γ, la fonction :

$$\varphi : y \in \gamma \rightarrow \varphi(y) = \psi(y) \int_{\gamma(y)} h,$$

appartient à l'espace $H^{m+\frac{3}{2}}(\gamma)$ dès que $h \in H^{m+\frac{1}{2}}(\gamma)$ vérifie (Lemme 0.3-3) :

$$\int_\gamma h = 0,$$

cette dernière condition assurant que la fonction φ est définie de façon non ambiguë en $0 \in \gamma$. En appliquant cette remarque aux fonctions (1.5-2) et (1.5-3) {les fonctions $y_1, y_2, \nu_1(y)$ et $\nu_2(y)$ étant de classe $\mathscr{C}^\infty$ sur γ}, on obtient immédiatement:

$$\varphi_0,\ \varphi_1 \in H^{m+\frac{3}{2}}(\gamma).$$

Pour prouver que $\varphi_0 \in H^{m+\frac{5}{2}}(\gamma)$, nous allons vérifier que :

$$\varphi_0(y) = \int_{\gamma(y)} \theta_0,$$

avec $\theta_0 \in H^{m+\frac{3}{2}}(\gamma)$, $\int_\gamma \theta_0 = 0$ (et le résultat suivra par répétition de l'argument précédent employé pour m+1). Ecrivons φ_0 en fonction de l'abscisse curviligne [1] :

$$\varphi_0(s) = -y_1(s)\int_0^s h_2(\sigma)d\sigma + y_2(s)\int_0^s h_1(\sigma)d\sigma + \int_0^s \{y_1(\sigma)h_2(\sigma) - y_2(\sigma)h_1(\sigma)\}d\sigma.$$

Par définition d'une abscisse curviligne, le vecteur $\{y_1'(s), y_2'(s)\}$ n'est autre que le vecteur tangent $\tau\{y(s)\}$, qui vérifie les relations :

$$\tau_1\{y(s)\} = -\nu_2\{y(s)\},\ \tau_2\{y(s)\} = \nu_1\{y(s)\}.$$

Ceci permet d'écrire :

$$\varphi_0'(s) = \nu_2\{y(s)\}\int_0^s h_2(\sigma)d\sigma + \nu_1\{y(s)\}\int_0^s h_1(\sigma)d\sigma.$$

La fonction $\theta_0 : \gamma \to \mathbb{R}$ définie par :

$$\theta_0(y) = \nu_2(y)\int_{\gamma(y)} h_2 + \nu_1(y)\int_{\gamma(y)} h_1,$$

{formule valable grâce aux conditions (1.5-1)}, appartient, d'après ce qui précède à l'espace $H^{m+\frac{3}{2}}(\gamma)$ et l'égalité :

$$\varphi_0(s) = \int_0^s \varphi_0'(\sigma)d\sigma$$

n'est autre que :

(1.5-4) $$\varphi_0(y) = \int_{\gamma(y)} \theta_0,$$

ce qui prouve {la relation $\int_\gamma \theta_0 = 0$ étant automatiquement vérifiée compte tenu de (1.5-4)} que $\varphi_0 \in H^{m+\frac{5}{2}}(\gamma)$. ∎

---

(1) Avec un abus commode de notation

On introduit maintenant l'espace :

(1.5-5) $$V^0 = \{v = (v_\alpha) \in (\mathcal{D}'(\omega))^2 \; ; \; \gamma_{\alpha\beta}(v) = 0\}.$$

Il est facile de voir (exercice) que :

(1.5-6) $$V^0 = \{v = (v_\alpha) \in (\mathcal{D}'(\omega))^2 \; ; \; \exists a_1, a_2, b \in \mathbb{R} \; ; \; v_1 = a_1 - bx_2, \; v_2 = a_2 + bx_1\}.$$

Exercice : De façon plus générale, montrer que pour tout ouvert connexe $\Omega \subset \mathbb{R}^3$, l'espace des distributions $v = (v_i) \in (\mathcal{D}'(\Omega))^3$ vérifiant $\gamma_{ij}(v) = 0$ coïncide avec les fonctions de la forme :

$$v(x) = a + b \times x \quad (a, b \in \mathbb{R}^3)$$ ■

L'équivalence avec le problème de von Kármán va être établie à l'aide de trois résultats intermédiaires.

LEMME 1.5-2. *Soit* $(\sigma_{\alpha\beta}) \in (H^m(\omega))^4_s$, m *entier* ≥ 0, *un tenseur symétrique vérifiant :*

(1.5-7) $$\partial_\alpha \sigma_{\alpha\beta} = 0 \text{ dans } \omega.$$

Alors, il existe une fonction $\phi \in H^{m+2}(\omega)$, *unique à l'addition près de polynômes de degré* ≤ 1, *telle que :*

(1.5-8) $$\partial_{11}\phi = \sigma_{22}, \; \partial_{22}\phi = \sigma_{11}, \; \partial_{12}\phi = -\sigma_{12} = -\sigma_{21}.$$

Démonstration : On utilise le résultat (1) de la théorie des distributions suivant (cf. SCHWARTZ [1966]) : pour tout couple $(\theta_1, \theta_2) \in (\mathcal{D}'(\omega))^2$ vérifiant :

$$\partial_1\theta_2 + \partial_2\theta_1 = 0,$$

il existe une distribution $T \in \mathcal{D}'(\omega)$, unique à une constante près, telle que :

$$\theta_1 = \partial_1 T, \; \theta_2 = -\partial_2 T,$$

(on notera que la simple connexité de l'ouvert ω est ici requise). Grâce à (1.5-7), ce résultat montre que :

---

(1) Qui est une extension aux distributions du théorème de Poincaré : toute 1-forme différentielle α sur l'ouvert *simplement connexe* ω qui vérifie $d\alpha = 0$ s'écrit sous la forme $\alpha = df$ où f est une fonction.

(1.5-9) $\exists\psi_1 \in \mathscr{D}'(\omega)$; $\sigma_{12} = \partial_1\psi_1$, $\sigma_{11} = -\partial_2\psi_1$,

(1.5-10) $\exists\psi_2 \in \mathscr{D}'(\omega)$; $\sigma_{22} = \partial_1\psi_2$, $\sigma_{21} = -\partial_2\psi_2$.

La symétrie du tenseur $(\sigma_{\alpha\beta})$ permet d'écrire :

$$\partial_1\psi_1 + \partial_2\psi_2 = 0,$$

et le même argument permet de conclure qu'il existe $\phi \in \mathscr{D}'(\omega)$ telle que :

(1.5-11) $\psi_1 = -\partial_2\phi$, $\psi_2 = \partial_1\phi$.

Reportant (1.5-11) dans (1.5-9) et (1.5-10), on obtient (1.5-8), relation qui montre que toutes les dérivées partielles d'ordre 2 de ϕ sont dans l'espace $H^m(\omega)$. Puisque ω est un ouvert de Nikodym, ceci prouve que $\phi \in H^{m+2}(\omega)$. Enfin, il est clair que ϕ est déterminée à un polynôme de degré $\leqslant 1$ près. ■

A présent, nous allons voir que les valeurs au bord de la fonction ϕ du Lemme 1.5-2 ne dépendent que des valeurs au bord du tenseur $(\sigma_{\alpha\beta})$.

LEMME 1.5-3 : *Avec les hypothèses du lemme précédent, supposons de plus que les traces :*

(1.5-12) $h_\alpha = \sigma_{\alpha\beta}\,\nu_\beta$,

soient bien définies dans l'espace $H^{m+\frac{1}{2}}(\gamma)$. *Alors on peut fixer* ϕ *en imposant en* $0 \in \gamma$:

(1.5-13) $\phi(0) = \partial_\alpha\phi(0) = 0$,

et, d'une part les fonctions h_1 *et* h_2 *vérifient les conditions de compatibilité du Lemme* 1.5-1 , *d'autre part, les fonctions* φ_0 *et* φ_1 *définies par* (1.5-2)-(1.5-3) *sont telles que :*

(1.5-14) $\phi = \varphi_0$ *sur* γ, $\partial_\nu\phi = \varphi_1$ *sur* γ.

Démonstration : Tout d'abord, pour $m \geqslant 1$, les traces des éléments $\sigma_{\alpha\beta}$ sur γ sont bien définies dans l'espace $H^{m-\frac{1}{2}}(\gamma)$ et il en va donc de même des traces h_α (1.5-12). Pour $m = 0$, ce sont les conditions (1.5-7) qui permettent d'assurer que les traces h_α (1.5-12) sont bien définies dans l'espace $H^{-\frac{1}{2}}(\gamma)$ (cf. TEMAM [1977, p. 9]).Dans tous les cas, les traces h_α (1.5-12) sont donc définies sans ambiguïté dans l'espace $H^{m-\frac{1}{2}}(\gamma)$ et nous pourrons supposer à loisir qu'elles appartiennent en fait à l'espace $H^{m+\frac{1}{2}}(\gamma)$.

Rappelons les relations entre le vecteur normal $\nu(y)$ et le vecteur tangent $\tau(y)$ au point $y \in \gamma$:

(1.5-15) $$\tau_1(y) = -\nu_2(y),\ \tau_2(y) = \nu_1(y).$$

Par définition :

$$h_1 = \sigma_{11}\nu_1 + \sigma_{12}\nu_2 = \partial_{22}\phi\nu_1 - \partial_{12}\phi\nu_2,$$

grâce à (1.5-8). Avec (1.5-15), on obtient (1) :

$$h_1 = \partial_\tau(\partial_2\phi),$$

et de façon analogue :

$$h_2 = -\partial_\tau(\partial_1\phi).$$

On conclut d'après (0.3-23) que l'on peut choisir $\partial_\alpha\phi(0) = 0$ et qu'alors :

(1.5-16) $$\partial_1\phi(y) = -\int_{\gamma(y)} h_2,\quad \partial_2\phi = \int_{\gamma(y)} h_1 \in H^{m+\frac{3}{2}}(\gamma)\quad \text{(Lemme 0.3-3)},$$

les fonctions h_1 et h_2 vérifiant automatiquement $\int_\gamma h_1 = \int_\gamma h_2 = 0$. La définition :

$$\partial_\nu\phi = \partial_1\phi\nu_1 + \partial_2\phi\nu_2,$$

jointe à (1.5-16) montre que :

$$\partial_\nu\phi(y) = -\nu_1(y)\int_{\gamma(y)} h_2 + \nu_2(y)\int_{\gamma(y)} h_1 = \varphi_1(y)\ \left(\text{cf. } (1.5\text{-}3)\right),$$

et on a (l'égalité ayant lieu dans $H^{m+\frac{3}{2}}(\gamma)$ donc dans $L^2(\gamma)$) :

$$\partial_\tau\phi(y) = \partial_1\phi(y)\tau_1(y) + \partial_2\phi(y)\tau_2(y) = -\tau_1(y)\int_{\gamma(y)} h_2 + \tau_2(y)\int_{\gamma(y)} h_1.$$

Il suffit de remarquer que $\tau_1(y)$ et $\tau_2(y)$ ne sont autres que les dérivées tangentielles des fonctions coordonnées, i.e. :

$$\tau_1(y) = \partial_\tau(y_1),\ \tau_2(y) = \partial_\tau(y_2),$$

---

(1) D'après le Lemme 1.5-2, on a $\phi \in H^{m+2}(\omega) \subset H^2(\omega)$, donc les traces $\partial_1\phi$ et $\partial_2\phi$ sur γ sont définies dans l'espace $H^{\frac{1}{2}}(\gamma)$ et par suite (cf. Lemme 0.3-2) $\partial_\tau(\partial_1\phi)$ et $\partial_\tau(\partial_2\phi)$ sont bien définies dans l'espace $H^{-\frac{1}{2}}(\gamma)$.

pour s'apercevoir que l'égalité précédente s'écrit (cf. (0.3-7)) :

$$- \partial_\tau \Big(y_1 \int_{\gamma(y)} h_2\Big) + \partial_\tau \Big(y_2 \int_{\gamma(y)} h_1\Big) = - y_1 h_2(y) + y_2 h_1(y) - \partial_\tau \phi(y) \in L^2(\omega),$$

d'où l'on tire, avec (0.3-23), que l'on peut fixer $\phi(0) = 0$ et :

$$\phi(y) = - y_1 \int_{\gamma(y)} h_2 + y_2 \int_{\gamma(y)} h_1 + \int_{\gamma(y)} (x_1 h_2 - x_2 h_1) = \varphi_0(\mathbf{y}). \qquad (1.5\text{-}17)$$

Cette dernière relation, compte tenu que $\int_\gamma h_1 = \int_\gamma h_2 = 0$, entraîne automatiquement :

$$\int_\gamma x_1 h_2 - x_2 h_1 = 0,$$

ce qui achève la démonstration. ■

Dorénavant, u_3^0 *est remplacé par* u *pour des commodités évidentes d'écriture.* Rappelons pour mémoire le problème "déplacement" bidimensionnel que nous avons considéré au paragraphe 4 (Théorème 1.4-1, relations (1.4-12)-(1.4-16)). Celui-ci consiste à trouver un couple $(u^0, u) \in (H^1(\omega))^2 \times (H_0^2(\omega) \cap H^3(\omega))$ tel que :

$$\frac{2E}{3(1-\nu^2)} \Delta^2 u = 2\sigma^0_{\alpha\beta}\, \partial_{\alpha\beta} u + f \text{ dans } \omega, \qquad (1.5\text{-}18)$$

$$\partial_\alpha \sigma^0_{\alpha\beta} = 0 \text{ dans } \omega, \qquad (1.5\text{-}19)$$

$$u = \partial_\nu u = 0 \text{ sur } \gamma, \qquad (1.5\text{-}20)$$

$$\sigma^0_{\alpha\beta}\, \nu_\alpha = h_\beta \in L^2(\gamma) \text{ sur } \gamma, \qquad (1.5\text{-}21)$$

avec :

$$\sigma^0_{\alpha\beta} = \frac{E}{(1-\nu^2)} \{(1-\nu)\gamma_{\alpha\beta}(u^0) + \nu \gamma_{\mu\mu}(u^0)\delta_{\alpha\beta}\} + \frac{E}{2(1-\nu^2)} \{(1-\nu)\partial_\alpha u \partial_\beta u + \nu \partial_\mu u \partial_\mu u \delta_{\alpha\beta}\}. \qquad (1.5\text{-}22)$$

Dans l'équation (1.5-18), la fonction $f \in L^2(\omega)$ a pour expression :

$$f = g_3^+ + g_3^- + \int_{-1}^{1} f_3 dt \quad (\text{cf. } (1.4\text{-}12)), \qquad (1.5\text{-}23)$$

mais cette forme particulière ne joue aucun rôle dans le problème (1.5-18)-(1.5-22).

Si $(\sigma_{\alpha\beta}) \in (H^m(\omega))_s^4$, $m \geq 0$ est un tenseur symétrique qui vérifie :

$$\partial_\alpha \sigma_{\alpha\beta} = 0 \text{ dans } \omega,$$

nous avons établi au Lemme 1.5-2 qu'il existe une fonction $\phi \in H^{m+2}(\omega)$ unique à l'addition près d'un polynôme de degré ≤ 1, telle que :

$$\partial_{11}\phi = \sigma_{22},\ \partial_{22}\phi = \sigma_{11},\ \partial_{12}\phi = -\sigma_{12} = -\sigma_{21}.$$

Nous allons voir maintenant que si l'on suppose en outre qu'il existe un couple $(u^0,u)\in\{H^1(\omega)\}^2\times H^2(\omega)$ tel que {la relation (1.5-22) justifie d'elle-même l'hypothèse qui va suivre} :

$$\sigma_{\alpha\beta} = \sigma'_{\alpha\beta}(u^0) + \sigma''_{\alpha\beta}(u),$$

avec par définition :

(1.5-24) $$\sigma'_{\alpha\beta}(u^0) = \frac{E}{1-\nu^2}\{(1-\nu)\gamma_{\alpha\beta}(u^0) + \nu\gamma_{\mu\mu}(u^0)\delta_{\alpha\beta}\},$$

(1.5-25) $$\sigma''_{\alpha\beta}(u) = \frac{E}{2(1-\nu^2)}\{(1-\nu)\partial_\alpha u\partial_\beta u + \nu\partial_\mu u\partial_\mu u\delta_{\alpha\beta}\},$$

on peut alors calculer le bi-Laplacien $\Delta^2\phi$ en fonction de u seul. De façon précise:

LEMME 1.5-4. *Soit* $(\sigma_{\alpha\beta})\in\{H^m(\omega)\}^4_s$, m *entier* ≥ 0, *un tenseur symétrique de la forme :*

(1.5-26) $$\sigma_{\alpha\beta} = \sigma'_{\alpha\beta}(u^0) + \sigma''_{\alpha\beta}(u),$$

avec $(u^0,u)\in\{H^1(\omega)\}^2\times H^2(\omega)$, *les tenseurs (symétriques)* $(\sigma'_{\alpha\beta}(u^0))$ *et* $(\sigma''_{\alpha\beta}(u))$ *étant définis par* (1.5-24) *et* (1.5-25) *respectivement. Si la relation :*

(1.5-27) $$\partial_\alpha\sigma_{\alpha\beta} = 0 \textit{ dans } \omega,$$

a lieu, le bi-laplacien de la fonction $\phi\in H^{m+2}(\omega)$ *déterminée au Lemme* 1.5-2 *a pour valeur :*

(1.5-28) $$\Delta^2\phi = -\frac{E}{2}[u,u],$$

où, de façon générale, le crochet $[v,w]$ *est défini sur l'espace* $\{H^2(\omega)\}^2$ *par :*

(1.5-29) $$[v,w] = \partial_{11}v\partial_{22}w + \partial_{22}v\partial_{11}w - 2\partial_{12}v\partial_{12}w.$$

Démonstration : D'après (1.5-8), on a :

$$\Delta\phi = \sigma_{11} + \sigma_{22},$$

et donc :

$$\Delta^2\phi = \Delta(\sigma_{\alpha\alpha}).$$

Grâce à la forme particulière (1.5-26) du tenseur $(\sigma_{\alpha\beta})$, un simple calcul montre que:

(1.5-30) $$\Delta^2\phi = \frac{E}{2(1-\nu)}\left\{2\Delta(\partial_\alpha u^0_\alpha) + \Delta(\partial_\alpha u \partial_\alpha u)\right\}.$$

La relation (1.5-27) entraînant à fortiori :

$$\partial_{\alpha\beta}\ \sigma_{\alpha\beta} = 0,$$

un nouveau calcul explicite fournit par (1.5-26) :

$$\frac{E}{1-\nu^2}\ \Delta(\partial_\alpha u^0_\alpha) + \partial_{\alpha\beta}\ \sigma''_{\alpha\beta}(u) = 0.$$

Par report dans (1.5-30), on obtient $\Delta^2\phi$ en fonction de la seule variable u :

(1.5-31) $$\Delta^2\phi = (1+\nu)\left\{-\ \partial_{\alpha\beta}\ \sigma''_{\alpha\beta}(u) + \frac{E}{2(1-\nu^2)}\Delta(\partial_\alpha u \partial_\alpha u)\right\}.$$

Il ne reste plus qu'à calculer la quantité $\partial_{\alpha\beta}\ \sigma''_{\alpha\beta}(u)$ pour obtenir [1] :

(1.5-32) $$\Delta^2\phi = -\ \frac{E}{2}[u,u]\ .$$ ■

Dans un premier temps, nous allons établir un résultat d'unicité et de régularité pour le problème bidimensionnel de l'élasticité linéaire.

LEMME 1.5-5. *Soit* $m \geqslant 0$ *un entier fixé et soient* $f_\alpha \in H^m(\omega)$, $h_\alpha \in H^{m+\frac{1}{2}}(\gamma)$ *satisfaisant aux "conditions de compatibilité" :*

(1.5-33) $$\forall (v_\alpha) \in V^0,\ \int_\omega f_\alpha v_\alpha + \int_\gamma h_\alpha v_\alpha = 0.$$

Alors, le problème :

(1.5-34) $$\begin{cases} -\ \partial_\alpha\ \sigma'_{\alpha\beta}(u^0) = f_\alpha \ \textit{dans}\ \omega, \\ \sigma'_{\alpha\beta}(u^0)\nu_\beta = h_\alpha \ \textit{sur}\ \gamma, \end{cases}$$

où $\sigma'_{\alpha\beta}(u^0)$ *est défini par* (1.5-24) *possède une solution unique* $u^0 = (u^0_\alpha)$ *dans l'espace* $(H^{m+2}(\omega))^2 / V^0$.

Démonstration : La théorie variationnelle des problèmes aux limites elliptiques nous montre que le problème (1.5-34) possède une solution unique dans l'espace $(H^1(\omega))^2 / V^0$. De façon plus précise, on s'aperçoit sans difficulté que les solutions

---

(1) Le lecteur pourra remarquer que la comparaison des seconds membres de (1.5-31) et (1.5-32) peut se faire en supposant $u \in \mathcal{D}(\bar{\omega})$: l'égalité se prolongera à l'espace $H^2(\omega)$ par densité de $\mathcal{D}(\bar{\omega})$ dans $H^2(\omega)$.

du problème (1.5-34) sont des points critiques de la fonctionnelle :

$$\frac{1}{2}\int_\omega \sigma'_{\alpha\beta}(v)\gamma_{\alpha\beta}(v) - \int_\omega f_\alpha v_\alpha - \int_\gamma h_\alpha v_\alpha,$$

qui ne dépend en fait que de la classe d'équivalence de $v = (v_\alpha)$ dans l'espace $\{H^1(\omega)\}^2 / V^0$ dès lors que la condition (1.5-33) est satisfaite. La fonctionnelle précédente est alors une forme quadratique sur l'espace-quotient $\{H^1(\omega)\}^2 / V^0$, qui est coercive sur cet espace en vertu de l'inégalité de Korn bidimensionnelle ; elle admet par conséquent un seul point critique (qui est un minimum) et l'assertion s'ensuit.

Pour prouver la régularité, remarquons que l'on peut, sans restreindre la généralité, supposer que $f_\alpha = 0$: il suffit en effet de soustraire la solution du problème de Dirichlet :

(1.5-35) $$\begin{cases} -\partial_\beta\, \sigma'_{\alpha\beta}(u^1) = f_\alpha \text{ dans } \omega, \\ u^1 \in \{H^1_0(\omega)\}^2 ; \end{cases}$$

qui, elle, possède effectivement la régularité $\{H^{m+2}(\omega)\}^2$ pour $f_\alpha \in H^m(\omega)$; si $m = 0$, ce résultat (concernant la régularité pour les systèmes elliptiques aux conditions de Dirichlet) se trouve dans NEČAS [1967] et, pour $m \geqslant 1$, ceci découle alors de l'article de AGMON, DOUGLIS et NIRENBERG [1964].

Pour $f_\alpha = 0$, les conditions de compatibilité (1.5-35) sont exactement les conditions (1.5-1), et, grâce aux Lemmes 1.5-2, 1.5-3 et 1.5-4 (dans lequel on a fait $u = 0$), on déduit qu'il existe une fonction $\phi \in H^2(\omega)$ (puisque, à priori, on sait seulement que $u^0 \in \{H^1(\omega)\}^2$, donc $\{\sigma'_{\alpha\beta}(u^0)\} \in \{L^2(\omega)\}^4_s$), déterminée de façon unique si l'on impose en $O \in \gamma$:

$$\phi(O) = \partial_\alpha \phi(O) = 0,$$

telle que :

(1.5-36) $$\partial_{11}\phi = \sigma'_{22}(u^0),\ \partial_{22}\phi = \sigma'_{11}(u^0),\ \partial_{12}\phi = -\sigma'_{12}(u^0) = -\sigma'_{21}(u^0),$$

(Lemme 1.5-2),

(1.5-37) $$\begin{cases} \phi = \varphi_0 \in H^{m+\frac{5}{2}}(\gamma) \text{ sur } \gamma, \\ \partial_\nu \phi = \varphi_1 \in H^{m+\frac{3}{2}}(\gamma) \text{ sur } \gamma, \end{cases}$$

où φ_0 et φ_1 sont définies à partir de h_1 et h_2 par (1.5-2) et (1.5-3) respectivement (Lemme 1.5-3),

(1.5-38) $$\Delta^2\phi = 0 \text{ dans } \omega,$$

(Lemme 1.5-4 avec u = 0).

Or, l'équation (1.5-38) avec les conditions de bord (1.5-37) possède (cf. LIONS-MAGENES [1968]) une solution unique qui appartient à l'espace $H^{m+3}(\omega)$. Ainsi, $\phi \in H^{m+3}(\omega)$ et, par (1.5-36), on déduit que $\{\sigma'_{\alpha\beta}(u^0)\} \in (H^{m+1}(\omega))^4_s$. En explicitant la relation inverse de (1.5-24), on s'aperçoit que ceci entraîne :

(1.5-39) $$\{\gamma_{\alpha\beta}(u^0)\} \in (H^{m+1}(\omega))^4_s.$$

Grâce aux identités (dont la vérification est immédiate) :

$$\partial_{11}u_1^0 = \partial_1\gamma_{11}(u^0),\ \partial_{12}u_1^0 = \partial_2\gamma_{11}(u^0),$$

$$\partial_{22}u_1^0 = 2\partial_2\gamma_{12}(u^0) - \partial_1\gamma_{22}(u^0),$$

on déduit de (1.5-39) que les dérivées partielles secondes de u_1^0 appartiennent à l'espace $H^m(\omega)$; l'ouvert ω étant de Nikodym, on conclut que u_1^0 appartient à l'espace $H^{m+2}(\omega)$. Le même raisonnement est valable pour u_2^0, ce qui achève la démonstration. ∎

RESULTATS D'EQUIVALENCE

THEOREME 1.5-1. *Soit* $(u^0,u) \in (H^2(\omega))^2 \times (H^2_0(\omega) \cap H^4(\omega))$ *solution du problème :*

(1.5-40) $$\frac{2E}{3(1-\nu^2)}\Delta^2 u - 2\sigma^0_{\alpha\beta}\,\partial_{\alpha\beta}u = f \text{ dans } \omega,$$

(1.5-41) $$\partial_\alpha\,\sigma^0_{\alpha\beta} = 0 \text{ dans } \omega,$$

avec les conditions aux limites :

(1.5-42) $$\sigma^0_{\alpha\beta}\,\nu_\alpha = h_\beta \in H^{\frac{1}{2}}(\gamma) \text{ sur } \gamma,$$

(1.5-43) $$u = \partial_\nu u = 0 \text{ sur } \gamma,$$

avec :

(1.5-44) $$\sigma^0_{\alpha\beta} = \sigma'_{\alpha\beta}(u^0) + \sigma''_{\alpha\beta}(u),$$

les tenseurs (symétriques) $\{\sigma'_{\alpha\beta}(u^0)\}$ *et* $\{\sigma''_{\alpha\beta}(u)\}$ *étant définis par* (1.5-24)-(1.5-25) *respectivement.*

Alors, il existe $\phi \in H^3(\omega)$ *telle que :*

(1.5-45) $$\partial_{11}\phi = \overset{0}{\sigma}_{22},\ \partial_{12}\phi = -\overset{0}{\sigma}_{12} = -\overset{0}{\sigma}_{21},\ \partial_{22}\phi = \overset{0}{\sigma}_{11}.$$

De plus, le couple $(u,\phi) \in \{H_0^2(\omega) \cap H^4(\omega)\} \times H^3(\omega)$ *est solution des équations :*

(1.5-46) $$\frac{2E}{3(1-\nu^2)}\Delta^2 u - 2[\phi,u] = f \text{ dans } \omega,$$

(1.5-47) $$\Delta^2\phi = -\frac{E}{2}[u,u] \text{ dans } \omega,$$

(1.5-48) $$u = \partial_\nu u = 0 \text{ sur } \gamma,$$

(1.5-49) $$\phi = \varphi_0 \in H^{\frac{5}{2}}(\gamma),\ \partial_\nu\phi = \varphi_1 \in H^{\frac{3}{2}}(\gamma) \text{ sur } \gamma,$$

où les fonctions φ_0 *et* φ_1 *sont définies par les formules* (1.5-2) *et* (1.5-3) *à partir des données* h_1 *et* h_2.

Démonstration : L'existence de $\phi \in H^3(\omega)$ vérifiant (1.5-45) découle du Lemme 1.5-2 puisque le tenseur $(\sigma^0_{\alpha\beta})$ défini par (1.5-44) appartient à l'espace $\{H^1(\omega)\}^4_s$ compte tenu des propriétés d'algébricité de l'espace $H^3(\omega)$. De même, le Lemme 1.5-4 affirme que la fonction ϕ vérifie (1.5-47). Les conditions (1.5-48) découlent de la définition de l'espace $H_0^2(\omega)$ et les relations (1.5-49) sont obtenues par le Lemme 1.5-3. Enfin, la relation (1.5-46) n'est autre que (1.5-40) écrite au moyen de (1.5-45) et de la définition (1.5-29) du crochet $[\cdot,\cdot]$. ■

Remarque 1.5-1 : Les relations (1.5-46)-(1.5-49) constituent ce que l'on appelle les *"Equations de von Kármán"*, qui fut le premier à les considérer (cf. von KÁRMÁN [1910]). ■

Pour terminer ce paragraphe, il ne nous reste plus qu'à formuler l'énoncé *réciproque* du Théorème 1.5-1.

THEOREME 1.5-2 : *Soit* $(u,\phi) \in \{H_0^2(\omega) \cap H^4(\omega)\} \times H^3(\omega)$ *une solution des équations de von Kármán* (1.5-46)-(1.5-49) *(les fonctions* $\varphi_0 \in H^{\frac{5}{2}}(\gamma)$ *et* $\varphi_1 \in H^{\frac{3}{2}}(\gamma)$ *étant alors données quelconques dans les espaces indiqués).*

Définissons les fonctions $\sigma^0_{\alpha\beta}$ *par :*

(1.5-50) $$\overset{0}{\sigma}_{11} = \partial_{22}\phi,\ \overset{0}{\sigma}_{12} = \overset{0}{\sigma}_{21} = -\partial_{12}\phi,\ \overset{0}{\sigma}_{22} = \partial_{11}\phi.$$

Alors, il existe un élément $u^0 = (u_1^0, u_2^0)$ *défini de façon unique dans l'espace* $(H^2(\omega))^2 / V^0$ *tel que l'on ait :*

(1.5-51) $$\sigma_{\alpha\beta}^0 = \sigma'_{\alpha\beta}(u^0) + \sigma''_{\alpha\beta}(u),$$

les tenseurs (symétriques) $(\sigma'_{\alpha\beta}(u^0))$ *et* $(\sigma''_{\alpha\beta}(u))$ *étant définis par les formules* (1.5-24) *et* (1.5-25) *respectivement. Le couple* $(u^0, u) \in (H^2(\omega))^2 \times (H_0^2(\omega) \cap H^4(\omega))$ *est alors solution du problème "déplacement"* (1.5-40)-(1.5-44) *dans lequel les fonctions* $h_\alpha \in H^{\frac{1}{2}}(\gamma)$ *sont données par :*

(1.5-52) $$h_1 = \partial_\tau(\partial_2\phi),\ h_2 = \partial_\tau(-\partial_1\phi).$$

Démonstration : Remarquons tout d'abord que les relations (1.5-52) définissent convenablement h_1 et h_2 dans l'espace $H^{\frac{1}{2}}(\gamma)$ puisque l'hypothèse $\phi \in H^3(\omega)$ et la régularité de la frontière $\gamma = \partial\omega$ permettent de conclure sans difficulté :

$$\partial_\tau(\partial_\alpha\phi)_{|\gamma} \in H^{\frac{1}{2}}(\gamma).$$

Par ailleurs, la définition (1.5-50) du tenseur symétrique $(\sigma_{\alpha\beta}^0)$ montre que :

(1.5-53) $$\begin{cases} (\sigma_{\alpha\beta}^0) \in (H^1(\omega))_s^4, \\ \partial_\alpha \sigma_{\alpha\beta}^0 = 0 \text{ dans } \omega, \\ \sigma_{\alpha\beta}^0\ \nu_\beta = h_\alpha \text{ sur } \gamma. \end{cases}$$

Puisque $u \in H^4(\omega)$ est donné comme solution du problème de von Kármán et puisque le tenseur $(\sigma_{\alpha\beta}^0) \in (H^1(\omega))_s^4$ est lui aussi obtenu en fonction de la seconde composante ϕ de la solution de ce même problème, la relation (1.5-51) est subordonnée à l'existence d'un élément $u^0 \in (H^2(\omega))^2$ vérifiant :

(1.5-54) $$-\partial_\alpha\ \sigma'_{\alpha\beta}(u^0) = \partial_\alpha\ \sigma''_{\alpha\beta}(u) \text{ dans } \omega,$$

(1.5-55) $$\sigma'_{\alpha\beta}(u^0)\nu_\beta = -\sigma''_{\alpha\beta}(u)\nu_\beta + h_\alpha \text{ sur } \gamma,$$

les relations ci-dessus découlant de (1.5-51) et des conditions (cf. (1.5-53)) :

$$\partial_\alpha\ \sigma_{\alpha\beta}^0 = 0 \text{ dans } \omega,\quad \sigma_{\alpha\beta}^0\nu_\beta = h_\alpha \text{ sur } \gamma.$$

D'après le Lemme 1.5-5, le problème (1.5-54)-(1.5-55) possède effectivement une solution unique dans l'espace $(H^2(\omega))^2$ / V^0. On vérifie en effet aisément que pour $u \in H^4(\omega)$ les conditions :

$$\partial_\alpha \sigma_{\alpha\beta}(u) \in L^2(\omega), \quad \sigma''_{\alpha\beta}(u)\nu_\beta \in H^{\frac{1}{2}}(\gamma),$$

sont "largement" vérifiées grâce à l'algébricité de l'espace $H^3(\omega)$, sous réserve que les conditions de compatibilité (1.5-33) soient satisfaites. On doit donc vérifier que pour tout $v = (v_\alpha) \in V^0$, on a :

$$\int_\omega \partial_\alpha \sigma''_{\alpha\beta}(u)v_\beta - \int_\gamma \sigma''_{\alpha\beta}(u)\nu_\beta v_\alpha + \int_\gamma h_\alpha v_\alpha = 0.$$

La somme des deux premières intégrales est nulle comme le prouve une simple application de la formule de Green, par laquelle il apparaît que cette somme n'est autre que :

$$\int_\omega \sigma''_{\alpha\beta}(u)\gamma_{\alpha\beta}(v) = 0,$$

puisque $\gamma_{\alpha\beta}(v) = 0$ pour $v \in V^0$ (par définition de l'espace V^0). Il faut donc voir si:

$$\int_\gamma h_\alpha v_\alpha = 0,$$

ce qui est prouvé dans le Lemme 1.5-3 [d'après les relations (1.5-53)].

La démonstration n'est pas tout à fait achevée car il faut montrer que l'identité (1.5-51) a lieu. En effet, les relations (1.5-54) et (1.5-55) sont seulement (à priori) nécessaires pour que (1.5-62) soit vérifiée. En fait, si l'on définit le tenseur symétrique $(\overset{\star}{\sigma}_{\alpha\beta}) \in (H^1(\omega))^4_s$ par :

(1.5-56) $$\overset{\star}{\sigma}_{\alpha\beta} = \sigma'_{\alpha\beta}(u^0) + \sigma''_{\alpha\beta}(u),$$

on doit montrer que :

(1.5-57) $$\sigma^0_{\alpha\beta} = \overset{\star}{\sigma}_{\alpha\beta}.$$

Or, d'après les Lemmes 1.5-2 et 1.5-4, que l'on peut appliquer puisque l'on vérifie directement sur la définition (1.5-56) que $\partial_\alpha \overset{\star}{\sigma}_{\alpha\beta} = 0$ grâce à (1.5-54), il existe une fonction $\overset{\star}{\phi} \in H^3(\omega)$ telle que :

(1.5-58) $$\overset{\star}{\sigma}_{11} = \partial_{22}\overset{\star}{\phi}, \quad \overset{\star}{\sigma}_{12} = \overset{\star}{\sigma}_{21} = -\partial_{12}\overset{\star}{\phi}, \quad \overset{\star}{\sigma}_{22} = \partial_{11}\overset{\star}{\phi},$$

avec :

(1.5-59) $$\Delta^2\overset{\star}{\phi} = -\frac{E}{2}[u,u].$$

Enfin, on a également [cf. (1.5-56) et (1.5-55)] :

(1.5-60) $$\sigma^{\star}_{\alpha\beta}\, \nu_\beta = h_\alpha \text{ sur } \gamma.$$

Si l'on remarque que la modification de la donnée ϕ par un polynôme de degré $\leqslant 1$ ne modifie ni la donnée u $\{(u,\phi)$ solution du problème de von Kármán par hypothèse$\}$ ni le tenseur $(\sigma^0_{\alpha\beta})$ (1.5-50) et permet de supposer que les fonctions données φ_0 et φ_1 vérifient en $0\in\gamma$:

(1.5-61) $$\varphi_0\,(0) = 0,\ \partial_\tau\varphi_0\,(0) = 0,\ \varphi_1\,(0) = 0,$$

ces valeurs étant bien définies grâce à la régularité des fonctions $\varphi_0 \in H^{\frac{5}{2}}(\gamma)$ $\{$donc $\partial_\tau\varphi_0 \in H^{\frac{3}{2}}(\gamma)\}$ et $\varphi_1 \in H^{\frac{3}{2}}(\gamma)$, la relation (1.5-60) et le Lemme 1.5-3 montrent, d'après la définition des fonctions (h_α) (1.5-52), que l'on peut choisir pour $\phi^\star$ les conditions de bord :

(1.5-62) $$\phi^\star = \varphi_0 \text{ sur } \gamma,\ \partial_\nu\phi^\star = \varphi_1 \text{ sur } \gamma,$$

car une simple vérification permet de s'apercevoir que sous réserve de (1.5-61), les données φ_0 et φ_1 correspondent aux fonctions obtenues au Lemme 1.5-3. Ainsi, par (1.5-59) et (1.5-62), on a :

$$\Delta^2(\phi-\phi^\star) = 0 \text{ dans } \omega,$$
$$\phi-\phi^\star = 0 \text{ sur } \gamma,\ \partial_\nu(\phi-\phi^\star) = 0 \text{ sur } \gamma$$

et il est bien connu que dans ces conditions $\phi = \phi^\star$. On conclut de (1.5-50) et (1.5-58) que $\sigma^0_{\alpha\beta} = \sigma^\star_{\alpha\beta}$. Il est alors évident que le couple (u^0,u) est solution du problème "déplacement" (1.5-40)-(1.5-44). ■

Remarque 1.5-2 : Les Théorèmes 1.5-1 et 1.5-2 mettent en évidence l'équivalence du problème "déplacement" bidimensionnel avec le problème de von Kármán dès lors que l'on se restreint aux solutions (de l'un et de l'autre) *possédant une régularité suffisante :* chaque solution (u^0,u) du problème "déplacement" dans l'espace $\{H^2(\omega)\}^2 \times \{H^2_0(\omega)\cap H^4(\omega)\}$ correspond à une solution $(u,\phi)\in\{H^2_0(\omega)\cap H^4(\omega)\}\times H^3(\omega)$ du problème de von Kármán et réciproquement. Comme le problème "déplacement" a été posé dans l'espace $\{H^1(\omega)\}^2\times\{H^2_0(\omega)\cap H^4(\omega)\}$, on peut se poser la question de savoir si avec cette régularité plus faible, on a encore l'équivalence avec le problème de von Kármán posé sur l'espace $\{H^2_0(\omega)\cap H^4(\omega)\}\times H^2(\omega)$: c'est *formellement* possible, mais la difficulté essentielle qui est alors rencontrée est de savoir définir correctement les fonctions φ_0 et φ_1 car les fonctions (h_α) sont seulement dans l'espace $H^{-\frac{1}{2}}(\gamma)$ sur lequel il n'est pas question de calculer des quantités du type $\int_{\gamma(y)} h_\alpha$ qui ont été employées dans tout ce qui précède. ■

Remarque 1.5-3 : *Passage à l'ouvert* Ω^ε : Pour revenir à l'ouvert Ω^ε, il faut inverser les relations (1.3-22)-(1.3-23) : on définit les fonctions $\bar{u}^0_\alpha(X^\varepsilon)$, $\bar{u}(X^\varepsilon)$, $\bar{\sigma}^0_{\alpha\beta}(X^\varepsilon)$ par :

$$u^0_\alpha(X) = \varepsilon^{-2}\bar{u}^0(X^\varepsilon),\ u(X) = \varepsilon^{-1}\bar{u}(X^\varepsilon),$$

$$\sigma^0_{\alpha\beta}(X) = \varepsilon\, \bar{\sigma}^0_{\alpha\beta}(X^\varepsilon),$$

et la fonction $\bar{\phi}\ (X^\varepsilon)$ par :

$$\phi(X) = \varepsilon\ \bar{\phi}\ (X^\varepsilon).$$

En remplaçant le coefficient E par $E'\varepsilon^3$ où E' désigne le module de Young de la plaque pour la raison expliquée à la Remarque 1.4-4 et en se référant aux changements de fonctions (1.3-15)-(1.3-26), les équations de von Kármán prennent la forme :

$$\left\{\begin{aligned} &-\frac{2E'\varepsilon^3}{3(1-\nu^2)}\Delta^2\bar{u} - 2\varepsilon[\bar{\phi},\bar{u}] = g^\varepsilon_{3+} + g^\varepsilon_{3-} + \int_{-\varepsilon}^{\varepsilon} f^\varepsilon_3 dt, \\ &\Delta^2\bar{\phi} = -\frac{E'}{2}[\bar{u},\bar{u}] \text{ dans } \omega, \\ &\bar{u} = \partial_\nu\bar{u} = 0 \text{ sur } \gamma, \\ &\bar{\phi} = \bar{\varphi}_0 \in H^{\frac{5}{2}}(\gamma),\ \partial_\nu\bar{\phi} = \bar{\varphi}_1 \in H^{\frac{3}{2}}(\gamma) \text{ sur } \gamma, \end{aligned}\right.$$

où les fonctions $\bar{\varphi}_0$ et $\bar{\varphi}_1$ sont définies à partir des fonctions φ_0 et φ_1 par :

$$\varphi_0 = \varepsilon\bar{\varphi}\ ,\quad \varphi_1 = \varepsilon\bar{\varphi}_1,$$

(cf. (1.3-37) pour la justification). Notons que le coefficient de Poisson ν n'a pas à être modifié, car il est sans dimension. ■

INTERPRETATION DE LA FONCTION D'AIRY; CAS DES OUVERTS MULTIPLEMENT CONNEXES

La fonction $\phi \in H^3(\omega)$ solution de l'équation (1.5-47) avec les conditions de bord (1.5-49) est appelée *fonction d'Airy* du problème de von Kármán. Son intérêt physique provient des relations (1.5-45) qui montrent comment le tenseur $(\sigma^0_{\alpha\beta})$, représentant les contraintes planes dans le modèle bidimensionnel, s'obtient à partir des dérivées secondes de ϕ lorsque l'ouvert ω est *simplement connexe*. A ce propos, notons que l'hypothèse de simple connexité intervient uniquement dans le Lemme 1.5-2, où elle est d'ailleurs indispensable. Mais on peut adapter le Lemme 1.5-2 au cas où l'ouvert ω est multiplement connexe (i.e. m-connexe, m *entier* ≥ 1), comme nous allons le voir de façon plus ou moins formelle sur l'exemple de l'ouvert ω 1-connexe ci-dessous :

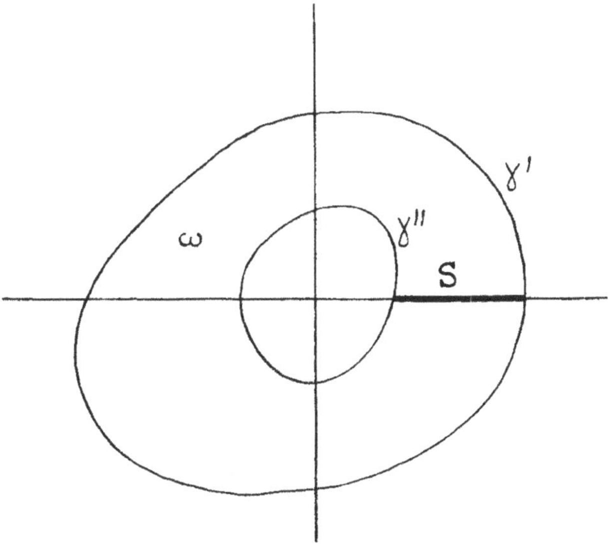

fig. 1.5-2

En appelant S le segment $\omega \cap \{(x_1,0),\ x_1 \in \mathbb{R}\}$ et $\tilde{\omega}$ l'ouvert :

$$\tilde{\omega} = \omega \setminus S,$$

on s'aperçoit que *l'ouvert* $\tilde{\omega}$ est *simplement connexe*. En conséquence, si θ_1 et θ_2 sont deux distributions sur $\tilde{\omega}$ vérifiant :

(1.5-63) $$\partial_1\theta_2 + \partial_2\theta_1 = 0,$$

il existe une distribution $\tilde{T}\in\mathcal{D}'(\tilde{\omega})$, unique à une constante près, telle que :

(1.5-64) $$\theta_1 = \partial_1\tilde{T}, \quad \theta_2 = -\partial_2\tilde{T} \text{ dans } \mathcal{D}'(\tilde{\omega}).$$

La relation (1.5-64) a lieu en particulier si θ_1 et θ_2 *sont deux distributions sur* ω *vérifiant* (1.5-63) *dans* ω mais naturellement, rien ne permet d'affirmer que la distribution $\tilde{T}$ se prolonge en distribution sur ω. On peut cependant faire l'observation importante suivante : en se restreignant à un ouvert *simplement connexe* $V\subset\omega$, contenant le segment S comme sur la figure ci-dessous :

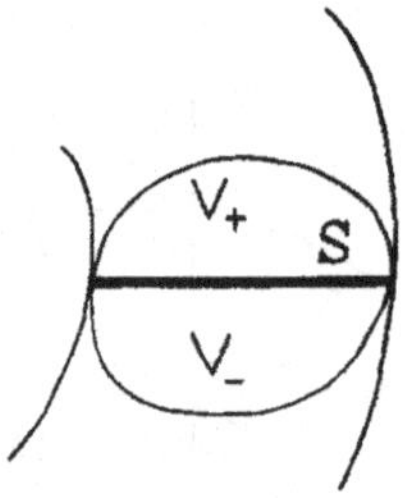

fig. 1,5-3

et avec les notations qui y sont indiquées de sorte que :

$$V = V_+ \cup S \cup V_- ,$$

puis en posant :

$$\tilde{T}_+ = \tilde{T}_{|V_+}, \quad \tilde{T}_- = \tilde{T}_{|V_-},$$

on s'aperçoit que $\tilde{T}_+$ se prolonge en une distribution sur V, ainsi que $\tilde{T}_-$, les prolongements (notés identiquement) vérifiant :

$$\theta_1 = \partial_1\tilde{T}_\pm , \quad \theta_2 = -\partial_2\tilde{T}_\pm \text{ dans } \mathcal{D}'(V).$$

La différence des prolongements de $\tilde{T}_+$ et $\tilde{T}_-$ est alors une distribution constante dans V. Nous appellerons $C \in \mathbb{R}$ la valeur de cette distribution constante : il n'est alors pas difficile de s'apercevoir qu'une condition nécessaire et suffisante pour que la distribution $\tilde{T}$ se prolonge en une distribution sur ω, vérifiant :

$$\theta_1 = \partial_1 \tilde{T}, \quad \theta_2 = -\partial_2 \tilde{T} \text{ dans } \mathscr{D}'(\omega),$$

est que C = 0. D'autre part, il existe sur l'ouvert $\tilde{\omega}$ une distribution "canonique" dont les restrictions à V_+ et à V_- se prolongent en distributions sur V, la différence des prolongrments étant constante égale à C : cette distribution est la fonction analytique dans $\tilde{\omega}$:

$$(x_1,x_2) \in \tilde{\omega} \mapsto \frac{C}{2\pi} \operatorname{Arg}(x_1,x_2).$$

Soit alors $T \in \mathscr{D}'(\tilde{\omega})$ la distribution :

(1.5-65)
$$T = \tilde{T} - \frac{C}{2\pi} \operatorname{Arg},$$

qui vérifie, dans $\tilde{\omega}$:

$$\partial_1 T = \theta_1 - \frac{C}{2\pi} \partial_1 \operatorname{Arg},$$

$$\partial_2 T = -\theta_2 - \frac{C}{2\pi} \partial_2 \operatorname{Arg}.$$

En posant :

$$r = (x_1^2+x_2^2)^{\frac{1}{2}},$$

et puisque dans $\tilde{\omega}$:

$$\partial_2 \operatorname{Arg}(x_1,x_2) = \partial_1 \operatorname{Log} r, \quad \partial_1 \operatorname{Arg}(x_1,x_2) = -\partial_2 \operatorname{Log} r,$$

on conclut que, dans $\tilde{\omega}$, on a :

(1.5-66)
$$\begin{cases} \partial_1 T = \theta_1 + \dfrac{C}{2\pi} \partial_2 \operatorname{Log} r, \\ \partial_2 T = -\theta_2 - \dfrac{C}{2\pi} \partial_1 \operatorname{Log} r, \end{cases}$$

les distributions $\theta_1 + \frac{C}{2\pi}\partial_2 \operatorname{Log} r$ et $\theta_2 + \frac{C}{2\pi}\partial_1 \operatorname{Log} r$ vérifiant :

$$\partial_1\left(\theta_2 + \frac{C}{2\pi}\partial_1 \operatorname{Log} r\right) + \partial_2\left(\theta_1 + \frac{C}{2\pi}\partial_2 \operatorname{Log} r\right) = 0,$$

dans l'ouvert ω grâce à *l'harmonicité dans* ω de la fonction $\operatorname{Log} r$, on déduit du choix de la constante C dans (1.5-65) et des remarques précédentes, que la distribution

$T \in \mathscr{D}'(\tilde{\omega})$ *se prolonge en une distribution sur* ω, *vérifiant* (1.5-66) *dans* ω (noter que T, comme $\tilde{T}$, est définie à une constante près).

En procédant comme dans le Lemme 1.5-2, mais en utilisant (1.5-66), on déduit que si $(\sigma_{\alpha\beta}) \in (H^m(\omega))^4_s$, m entier ≥ 0, désigne un tenseur symétrique vérifiant :

(1.5-67) $$\partial_\alpha \sigma_{\alpha\beta} = 0 \text{ dans } \omega,$$

il existe une fonction $\phi \in H^{m+2}(\omega)$, unique à l'addition près de polynômes de degré ≤ 1, telle que :

(1.5-68) $$\begin{cases} \sigma_{11} = \partial_{22}\phi + \frac{C_2}{2\pi}\partial_2 \operatorname{Log} r + \frac{C_3}{2\pi}\partial_{12} \operatorname{Log} r - \frac{C_1}{2\pi}\partial_1 \operatorname{Log} r , \\ \sigma_{22} = \partial_{11}\phi + \frac{C_1}{2\pi}\partial_1 \operatorname{Log} r - \frac{C_3}{2\pi}\partial_{12} \operatorname{Log} r - \frac{C_2}{2\pi}\partial_2 \operatorname{Log} r , \\ \sigma_{12} = \sigma_{21} = -\partial_{12}\phi - \frac{C_2}{2\pi}\partial_1 \operatorname{Log} r - \frac{C_3}{2\pi}\partial_{11} \operatorname{Log} r - \frac{C_1}{2\pi}\partial_2 \operatorname{Log} r , \end{cases}$$

C_1, C_2 et C_3 étant des constantes réelles, que nous allons maintenant déterminer, tout au moins lorsque les traces :

$$h_\alpha = \sigma_{\alpha\beta}\nu_\beta ,$$

sont bien définies et "suffisamment régulières". Tout d'abord, grâce à (1.5-67), les "conditions de compatibilité" :

(1.5-69) $$\int_\gamma h_\alpha = \int_\gamma x_2 h_1 - x_1 h_2 = 0,$$

sont satisfaites (il suffit, comme dans le cas où ω est simplement connexe, d'exprimer que $\int_\omega \partial_\alpha \sigma_{\alpha\beta} v^0_\beta = 0$ pour tout $v^0 \in V^0$ et de transformer cette expression grâce à la formule de Green). Puis, à l'aide de (1.5-68), on obtient :

(1.5-70) $$h_1 = \sigma_{11}\nu_1 + \sigma_{12}\nu_2 = \partial_\tau\left(\partial_2\phi + \frac{C_3}{2\pi}\partial_1 \operatorname{Log} r + \frac{C_2}{2\pi}\operatorname{Log} r\right) - \frac{C_1}{2\pi}\partial_\nu \operatorname{Log} r .$$

Puisque $\gamma = \gamma' \cup \gamma''$ (cf. fig. 1.5-2), l'intégration sur γ' de (1.5-70) fournit :

(1.5-71) $$C_1 = -\int_{\gamma'} h_1 = \int_{\gamma''} h_1,$$

d'après (1.5-69) car $\int_{\gamma'} \partial_\nu \operatorname{Log} r = 2\pi$ (en utilisant l'harmonicité de la fonction Log r dans toute couronne, se ramener au cas où l'intégrale est prise sur un cercle centré à l'origine de sorte que $\partial_\nu \operatorname{Log} r = \frac{\partial}{\partial r}\operatorname{Log} r = \frac{1}{r}$, la mesure superficielle étant $r\,d\theta$). Les mêmes arguments montrent que :

(1.5-72) $$h_2 = \sigma_{12}\nu_1 + \sigma_{22}\nu_2 = \partial_\tau(-\partial_1\phi + \frac{C_3}{2\pi}\partial_2 \operatorname{Log} r - \frac{C_1}{2\pi}\operatorname{Log} r) - \frac{C_2}{2\pi}\partial_\nu \operatorname{Log} r\,,$$

et donc

(1.5-73) $$C_2 = -\int_{\gamma'} h_2 = \int_{\gamma''} h_2 .$$

Définissons alors les fonctions k_α $(\alpha = 1,2)$ sur γ par :

(1.5-74) $$\begin{aligned} k_1 &= h_1 - \frac{C_2}{2\pi}\partial_\tau \operatorname{Log} r + \frac{C_1}{2\pi}\partial_\nu \operatorname{Log} r\,,\\ k_2 &= h_2 + \frac{C_1}{2\pi}\partial_\tau \operatorname{Log} r + \frac{C_2}{2\pi}\partial_\nu \operatorname{Log} r\,.\end{aligned}$$

Un simple calcul montre que :

(1.5-75) $$\int_{\gamma'} k_\alpha = \int_{\gamma''} k_\alpha = \int_\gamma x_2k_1 - x_1k_2 = 0,$$

en vertu de (1.5-69)-(1.5-71). Grâce à l'expression de h_1 et h_2 obtenue en (1.5-70) et (1.5-72) :

(1.5-76) $$C_3 = -\int_{\gamma'} x_2k_1 - x_1k_2 = \int_{\gamma''} x_2k_1 - x_1k_2,$$

d'après (1.5-73). Les fonctions définies sur γ par :

(1.5-77) $$\begin{cases} \hat{h}_1 = k_1 - \frac{C_3}{2\pi}\partial_\tau(\partial_1 \operatorname{Log} r),\\ \hat{h}_2 = k_2 - \frac{C_3}{2\pi}\partial_\tau(\partial_2 \operatorname{Log} r),\end{cases}$$

vérifient alors :

(1.5-78) $$\int_{\gamma'} \hat{h}_\alpha = \int_{\gamma''} \hat{h}_\alpha = \int_{\gamma'} x_2\hat{h}_1 - x_1\hat{h}_2 = \int_{\gamma''} x_2\hat{h}_1 - x_1\hat{h}_2 = 0,$$

c'est-à-dire *les conditions de compatibilité sur chacune des deux composantes connexes du bord* $\gamma = \partial\omega$. Avec les relations :

$$\partial_\tau(\partial_2\phi) = \hat{h}_1 \;;\quad \partial_\tau(\partial_1\phi) = -\hat{h}_2\,,$$

que l'on obtient immédiatement grâce à (1.5-70), (1.5-72), (1.5-74) et (1.5-77), on peut alors *déterminer les conditions de bord sur* ϕ en procédent comme au Lemme 1.5-3 (le Lemme 1.5-1 s'adapte sans difficulté), puis obtenir par la même démarche que celle que nous avons adoptée dans le cas où ω est simplement connexe, *l'équivalence du problème "déplacement" avec les équations de von Kármán*. La fonction ϕ est alors la fonction d'Airy du problème et les contraintes planes $(\sigma_{\alpha\beta})$ sont reliées à ϕ par les formules (1.5-68). Ceci permet *d'éclaircir de façon définitive l'interpréta-*

tion physique de la fonction d'Airy car dans le cas général où l'ouvert ω est m-connexe (m entier $\geqslant 0$), les contraintes planes $(\sigma_{\alpha\beta})$ sont données par les dérivées secondes de la fonction d'Airy et à l'aide de 3m fonctions "singulières" (3 par "trou") comme en (1.5-68). Dans le cas où m = 0, on retrouve évidemment la correspondance simple (1.5-45).

CHAPITRE 2

ETUDE DES EQUATIONS DE VON KÁRMÁN :
RESULTATS D'EXISTENCE :
INTRODUCTION A LA BIFURCATION

2.1. RÉSULTATS D'EXISTENCE ET DE RÉGULARITÉ POUR LE MODÈLE "DÉPLACEMENT"

RESULTATS D'EXISTENCE

Nous allons commencer par établir un résultat d'existence de solutions du problème "déplacement" tel qu'il a été posé au Chapitre 1, paragraphe 4 (équations (1.4-12)-(1.4-16)) et possédant la régularité désirée, à savoir :

$$(u^0,u) \in (H^1(\omega))^2 \times (H_0^2(\omega) \cap H^4(\omega)).$$

Si nous posons :

(2.1-1) $$f = g_3^+ + g_3^- + \int_{-1}^{1} f_3 \, dt \in L^2(\omega),$$

une formulation variationnelle des équations (1.4-12)-(1.4-16) consiste à exprimer que :

(2.1-2) $$\forall v^0 \in (H^1(\omega))^2, \int_\omega \sigma_{\alpha\beta}^0 \, \partial_\alpha v_\beta^0 = \int_\gamma h_\alpha v_\alpha^0,$$

(2.1-3) $$\forall v \in H_0^2(\omega), \frac{2E}{3(1-\nu^2)} \int_\omega \Delta u \Delta v + 2\int_\omega \sigma_{\alpha\beta}^0 \, \partial_\alpha u \partial_\alpha v = \int_\omega f\, v,$$

le tenseur symétrique $(\sigma_{\alpha\beta}^0) \in (L^2(\omega))_s^4$ étant de la forme :

(2.1-4) $$\sigma_{\alpha\beta}^0 = \sigma'_{\alpha\beta}(u^0) + \sigma''_{\alpha\beta}(u),$$

(cf. (1.5-24)-(1.5-25) et la relation (1.4-16)).

Dans (2.1-2), les fonctions $h_\alpha \in L^2(\gamma)$ vérifient les conditions de compatibilité :

(2.1-5) $$\forall v^0 \in V^0, \int_\omega h_\alpha v_\alpha^0 = 0,$$

(l'espace V^0 étant défini en (1.5-5)-(1.5-6)) sans lesquelles l'identité (2.1-2) est incohérente puisque son membre de gauche s'écrit de façon équivalente :

$$\int_\omega \sigma_{\alpha\beta}^0 \, \gamma_{\alpha\beta}(v^0),$$

quantité nulle dès que $v^0 \in V^0$.

Nous allons adopter une démarche (cf. P. RABIER [1979]), qui nécessite quelques préliminaires. Tout d'abord, sur l'espace $W^{1,4}(\omega)$, nous définirons la semi-norme p équivalente à la norme usuelle :

$$(2.1\text{-}6) \qquad p(v) = \left\{\int_\omega \partial_\alpha v\ \partial_\beta v\ \partial_\alpha v\ \partial_\beta v\right\}^{\frac{1}{4}} = \left\{\int_\omega (\partial_\alpha v\ \partial_\alpha v)^2\right\}^{\frac{1}{4}}$$

Remarque 2.1-1 : Seule l'inégalité triangulaire n'est pas triviale et peut s'obtenir avec des majorations judicieuses ; cependant, puisque p^4 est convexe, positive ($\geqslant 0$), positivement homogène de degré 4 et continue, on déduit que p est quasiconvexe, positive, positivement homogène de degré 1 et faiblement s.c.i. Il découle alors d'un résultat de J.P. CROUZEIX [1977] que p est convexe, ce qui montre immédiatement que p vérifie l'inégalité triangulaire. ■

LEMME 2.1-1 : *Soit* $M>0$ *une constante fixée. L'ensemble :*

$$(2.1\text{-}7) \qquad T_M = \{v\in H_0^2(\omega)\ ;\ \|v\|_{2,\omega}\leqslant Mp(v)\},$$

est un cône réel faiblement fermé. De plus, toute suite de T_M *faiblement convergente vers* 0 *dans* $H_0^2(\omega)$ *converge fortement vers* 0 *dans* $H_0^2(\omega)$.

Démonstration : Le fait que T_M soit un cône réel (stable par multiplication par $t\in\mathbb{R}$) est évident.

Si (v_n) est une suite de T_M qui converge faiblement vers $v\in H_0^2(\omega)$, on a (faible semi-continuité inférieure séquentielle de la norme) :

$$(2.1\text{-}8) \qquad \|v\|_{2,\omega}\leqslant \liminf \|v_n\|_{2,\omega}\ .$$

Par ailleurs, l'injection :

$$(2.1\text{-}9) \qquad H_0^2(\omega) \hookrightarrow W^{1,4}(\omega)$$

est compacte, donc la suite (v_n) converge (au sens de la norme) vers v dans l'espace $W^{1,4}(\omega)$, de sorte que :

$$(2.1\text{-}10) \qquad \lim p(v_n) = p(v).$$

Ainsi, par (2.1-8) et (2.1-10) :

$$\|v\|_{2,\omega}\leqslant \liminf \|v_n\|_{2,\omega}\leqslant M \lim p(v_n) = Mp(v),$$

et $v\in T_M$ qui est donc faiblement fermé. La dernière assertion découle immédiatement de (2.1-9). ■

Dans la suite, nous appellerons H l'espace-quotient :

(2.1-11) $$H = \{H^1(\omega)\}^2/V^0,$$

l'espace V^0 étant défini en (1.5-5)-(1.5-6), muni de la topologie-quotient :

(2.1-12) $$\|\dot{v}^0\|_H = \inf_{v^0\in\dot{v}^0} \|v^0\|_{1,2,\omega}, \quad \forall \dot{v}^0 \in H.$$

L'espace H est un *espace de Hilbert* puisqu'isométrique à l'orthogonal de l'espace V^0 dans $\{H^1(\omega)\}^2$. Comme, pour tout $v^0\in\{H^1(\omega)\}^2$, le tenseur $\{\gamma_{\alpha\beta}(v^0)\}$ ne dépend (par définition de l'espace V^0) que de la classe d'équivalence $\dot{v}^0$ de v^0, nous poserons, pour tout $\dot{v}^0\in H$:

(2.1-13) $$\gamma_{\alpha\beta}(\dot{v}^0) = \gamma_{\alpha\beta}(v^0), \quad \forall v^0 \in \dot{v}^0.$$

LEMME 2.1-2 : *Soient* $\varepsilon>0$ *et* $M>0$ *deux constantes fixées : Il existe une constante* $C = C(\varepsilon,M) > 0$ *telle que :*

(2.1-14) $$\sum_{\alpha,\beta}\left|\gamma_{\alpha\beta}(\dot{v}^0) + \frac{1}{2}\partial_\alpha v\partial_\beta v\right|^2_{0,\omega} \geq C\{\|\dot{v}^0\|^2_H + \|v\|^2_{2,\omega}\},$$

pour tout couple $(\dot{v}^0,v)\in H\times H^2_0(\omega)$ *pour lequel :*

(2.1-15) $$\begin{cases} v\in T_M, \\ \|\dot{v}^0\|^2_H + \|v\|^2_{2,\omega} \geq \varepsilon^2, \end{cases}$$

où T_M *désigne le cône* (2.1-7) *introduit au lemme précédent.*

Démonstration : Pour $(\dot{v}^0,v)\in H\times H^2_0(\omega)$, posons :

$$(\dot{v}^0,v) = t(\dot{u}^0,u),$$

avec $(\dot{u}^0,u)\in H\times H^2_0(\omega)$, et :

$$\|\dot{u}^0\|^2_H + \|u\|^2_{2,\omega} = 1,$$

de sorte que

$$t = \{\|\dot{v}^0\|^2_H + \|v\|^2_{2,\omega}\}^{\frac{1}{2}}.$$

L'hypothèse (2.1-15) exprime en particulier que $t\geq\varepsilon$ et on a :

(2.1-16) $$\sum_{\alpha,\beta}\left|\gamma_{\alpha\beta}(\dot{v}^0) + \frac{1}{2}\partial_\alpha v\partial_\beta v\right|^2_{0,\omega} = t^2\sum_{\alpha,\beta}\left|\gamma_{\alpha\beta}(\dot{u}^0) + \frac{t}{2}\partial_\alpha u\partial_\beta u\right|^2_{0,\omega}.$$

Tout revient donc à prouver que :

$$\sum_{\alpha,\beta}\left|\gamma_{\alpha\beta}(\dot{u}^0)+\frac{t}{2}\,\partial_\alpha u\partial_\beta u\right|^2_{0,\omega} \geqslant C>0,$$

pour $\|\dot{u}^0\|^2_H + \|u\|^2_{2,\omega} = 1$, $t \geqslant \varepsilon$ et $u \in T_M$ (les conditions $u \in T_M$ et $v \in T_M$ étant équivalentes puisque $v = tu$, $t \geqslant \varepsilon$ et T_M est un cône). Si $U \subset H \times H^2_0(\omega) \times [\varepsilon,+\infty[$ désigne l'ensemble des éléments $(\dot{u}^0,u,t)$ vérifiant :

(2.1-17) $$\|\dot{u}^0\|^2_H + \|u\|^2_{2,\omega} = 1,$$

(2.1-18) $$u \in T_M,$$

(2.1-19) $$t \geqslant \varepsilon,$$

il faut par conséquent montrer qu'il existe une constante $C>0$ telle que :

(2.1-20) $$\inf_U \sum_{\alpha,\beta}\left|\gamma_{\alpha\beta}(\dot{u}^0)+\frac{t}{2}\,\partial_\alpha u\partial_\beta u\right|^2_{0,\omega} \geqslant C>0.$$

Dans le cas contraire, il existe une suite $(\dot{u}^0_n,u_n,t_n)$ de points de U telle que:

(2.1-21) $$\lim \sum_{\alpha,\beta}\left|\gamma_{\alpha\beta}(\dot{u}^0_n)+\frac{t_n}{2}\,\partial_\alpha u_n\partial_\beta u_n\right|^2_{0,\omega} = 0.$$

Posons :

(2.1-22) $$w_n = \sqrt{t_n}\; u_n \in T_M \quad \text{(puisque } T_M \text{ est un cône).}$$

La condition (2.1-21) s'écrit :

(2.1-23) $$\lim \sum_{\alpha,\beta}\left|\gamma_{\alpha\beta}(\dot{u}^0_n)+\frac{\partial_\alpha w_n\partial_\beta w_n}{2}\right|^2_{0,\omega} = 0,$$

soit encore :

(2.1-24) $$\lim \left\{\|\dot{u}^0_n\|^2_H + \int_\omega \gamma_{\alpha\beta}(\dot{u}^0_n)\partial_\alpha w_n\partial_\beta w_n + \frac{1}{4}\big(p(w_n)\big)^4\right\} = 0,$$

où p est la semi-norme (2.1-6). Ceci prouve, par Cauchy-Schwarz et la condition (2.1-17) qui assure que $\|\dot{u}^0_n\|_H$ est bornée, que la suite $\big(p(w_n)\big)$ est bornée. Puisque $w_n \in T_M$ pour tout $n \in \mathbb{N}$ (cf. (2.1-22)), on a, par définition de T_M (cf. (2.1-7)) :

$$\|w_n\|_{2,\omega} \leqslant Mp(w_n),$$

et la suite (w_n) est bornée dans l'espace $H^2_0(\omega)$. Quitte à en extraire une sous-suite, on peut supposer qu'elle converge faiblement vers $w \in H^2_0(\omega)$ et $w \in T_M$ d'après le Lemme 2.1-1. Par ailleurs, on peut également supposer que la suite $(\dot{u}^0_n)$ converge faiblement dans l'espace de Hilbert H vers une limite $\dot{u}^0$.

Utilisant la compacité de l'injection (2.1-9), on s'aperçoit facilement que la fonctionnelle :

$$(\dot{v}^0, v) \in H \times H_0^2(\omega) \mapsto \sum_{\alpha,\beta} \left| \gamma_{\alpha\beta}(\dot{v}^0) + \frac{\partial_\alpha v \partial_\beta v}{2} \right|^2_{0,\omega},$$

est faiblement séquentiellement s.c.i. (puisqu'elle est somme de $\|\dot{v}^0\|^2_H$ et de termes faiblement continus) et donc :

$$\sum_{\alpha,\beta} \left| \gamma_{\alpha\beta}(\dot{u}^0) + \frac{\partial_\alpha w \partial_\beta w}{2} \right|^2_{0,\omega} \leq \liminf \sum_{\alpha,\beta} \left| \gamma_{\alpha\beta}(\dot{u}^0_n) + \frac{\partial_\alpha w_n \partial_\beta w_n}{2} \right|^2_{0,\omega}.$$

Or, le second membre de cette inégalité est nul d'après (2.1-23) et par suite :

(2.1-25) $$\gamma_{\alpha\beta}(\dot{u}^0) = -\frac{1}{2} \partial_\alpha w \partial_\beta w.$$

Observons maintenant que le tenseur $(\gamma_{\alpha\beta}(\dot{u}^0))$ vérifie automatiquement :

(2.1-26) $$\partial_{11}\gamma_{22}(\dot{u}^0) + \partial_{22}\gamma_{11}(\dot{u}^0) - 2\partial_{12}\gamma_{12}(\dot{u}^0) = 0,$$

condition que l'on peut traduire à l'aide de (2.1-25) par :

(2.1-27) $$[w,w] = 0,$$

(l'identité du crochet $[w,w]$ avec la quantité obtenue en calculant le membre de gauche de (2.1-26) par substitution de (2.1-25) est immédiate pour $w \in \mathcal{D}(\omega)$; cette identité persiste dans $\mathcal{D}'(\omega)$ pour $w \in H_0^2(\omega)$ par continuité des dérivations et densité de $\mathcal{D}(\omega)$ dans $H_0^2(\omega)$.

Puisque $w \in H_0^2(\omega)$, la condition (2.1-27) ne peut avoir lieu que pour $w = 0$ (ce résultat est bien connu et nous en donnons d'ailleurs une démonstration simple au Corollaire 2.2-1 plus loin).

Nous avons ainsi prouvé que la suite (w_n) d'éléments de T_M converge faiblement vers 0 dans l'espace $H_0^2(\omega)$: le Lemme 2.1-1 affirme alors qu'elle converge fortement vers 0 dans $H_0^2(\omega)$. Par (2.1-19) et (2.1-22), on a :

$$\|w_n\|_{2,\omega} \geq \sqrt{\varepsilon}\|u_n\|_{2,\omega},$$

et donc :

(2.1-28) $$\lim \|u_n\|_{2,\omega} = 0.$$

On déduit alors de (2.1-17) que

(2.1-29) $$\lim \|\dot{u}^0_n\|_H = 1,$$

tandis que (2.1-24) montre que :

(2.1-30) $$\lim \|\dot{u}^0_n\|_H = 0,$$

puisque la suite (w_n) tend vers 0 dans $H_0^2(\omega)$ $\left(\text{donc dans } W^{1,4}(\omega)\right)$. La contradiction des conclusions (2.1-29) et (2.1-30) termine la démonstration. ■

Grâce à ces résultats préliminaires, nous allons être à même de donner un théorème d'existence, en premier lieu dans l'espace $\left(H^1(\omega)\right)^2 \times H_0^2(\omega)$, pour les équations (2.1-2)-(2.1-4).

THEOREME 2.1-1 : *Les fonctions* $h_\alpha \in L^2(\gamma)$ *vérifiant les conditions de compatibilité* (2.1-5), *les équations* (2.1-2)-(2.1-3) *possèdent au moins une solution dans l'espace* $(H^1(\omega))^2 \times H_0^2(\omega)$.

Démonstration : Soit :

$$\mathcal{J} : (H^1(\omega))^2 \times H_0^2(\omega) \to \mathbb{R},$$

la fonctionnelle définie par :

$$(2.1\text{-}31) \qquad \mathcal{J}(v^0,v) = \frac{E}{(1-\nu^2)}\int_\omega \Big\{\frac{1}{3}(\Delta v)^2 + (1-\nu)\sum_{\alpha,\beta}\left[\gamma_{\alpha\beta}(v^0) + \frac{\partial_\alpha v \partial_\beta v}{2}\right]^2$$

$$+ \nu\left[\gamma_{\alpha\alpha}(v^0) + \frac{\partial_\alpha v \partial_\alpha v}{2}\right]^2\Big\} - \varphi^0(v^0) - \varphi(v)$$

où l'on a posé :

$$(2.1\text{-}32) \qquad \forall v^0 \in H^1(\omega),\ \varphi^0(v^0) = 2\int_\gamma h_\alpha v_\alpha^0,$$

$$(2.1\text{-}33) \qquad \forall v \in H_0^2(\omega),\ \varphi(v) = \int_\omega f\, v\,.$$

Un simple calcul montre que les équations (2.1-2)-(2.1-4) équivalent aux relations :

$$\forall v^0 \in H^1(\omega),\ \frac{\partial \mathcal{J}}{\partial u^0}(u^0,u)v^0 = 0,$$

$$\forall v \in H_0^2(\omega),\ \frac{\partial \mathcal{J}}{\partial u}(u^0,u)v = 0.$$

En particulier, ces relations sont satisfaites dès que (u^0,u) représente un minimum relatif de la fonctionnelle $\mathcal{J}$: nous déduirons notre assertion en prouvant que la fonctionnelle $\mathcal{J}$ est bornée inférieurement sur l'espace $(H^1(\omega))^2 \times H_0^2(\omega)$ et atteint sa borne inférieure. Pour cela, il convient de remarquer que $\mathcal{J}$ se factorise à travers l'espace $[(H^1(\omega))^2/V^0] \times H_0^2(\omega)$. En effet, grâce aux conditions de compatibilité (2.1-5), la forme linéaire φ^0 (2.1-7) se factorise à travers l'espace $(H^1(\omega))^2/V^0$, c'est-à-dire qu'il existe une forme linéaire :

$$(2.1\text{-}34) \qquad \dot{\varphi}^0 : (H^1(\omega))^2/V^0 \to \mathbb{R},$$

telle que si s désigne la surjection canonique de $(H^1(\omega))^2$ sur l'espace quotient $(H^1(\omega))^2/V^0$, on ait :

$$\varphi^0 = \overset{\bullet}{\varphi}{}^0 \circ s,$$

ce qui signifie que le diagramme :

(2.1-35)

$$
\begin{array}{ccc}
\left(H^1(\omega)\right)^2 & \overset{\varphi^0}{\longrightarrow} & \mathbb{R} \\
{\scriptstyle s}\Big\downarrow & \nearrow & \\
H & \overset{\overset{\bullet}{\varphi}{}^0}{} &
\end{array}
$$

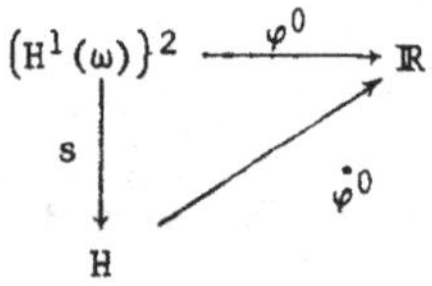

est commutatif, l'espace H désignant comme précédemment l'espace (de Hilbert) $\left(H^1(\omega)\right)^2/V^0$. D'autre part, la forme linéaire $\overset{\bullet}{\varphi}{}^0$ est continue car pour tout $\overset{\bullet}{v}{}^0 \in H$, on a :

$$\left|\overset{\bullet}{\varphi}{}^0(\overset{\bullet}{v}{}^0)\right| \leqslant \|\varphi^0\|_\star \, |v|_{0,\gamma} \leqslant C \|\varphi^0\|_\star \, \|v^0\|_{1,\omega}, \qquad \forall v^0 \in \overset{\bullet}{v}{}^0,$$

où $C>0$ est une constante et où $\|\varphi^0\|_\star$ représente la norme de φ^0 comme forme linéaire continue sur l'espace $\left(L^2(\gamma)\right)^2$, soit :

$$\|\varphi^0\|_\star = 2\left(|h_1|^2_{0,\gamma} + |h_2|^2_{0,\gamma}\right)^{\frac{1}{2}},$$

et donc :

$$\left|\overset{\bullet}{\varphi}{}^0(\overset{\bullet}{v}{}^0)\right| \leqslant C \|\varphi^0\|_\star \inf_{v^0 \in \overset{\bullet}{v}{}^0} \|v^0\|_{1,\omega} = \|\varphi^0\|_\star \|\overset{\bullet}{v}{}^0\|_H,$$

ce qui prouve la continuité de $\overset{\bullet}{\varphi}{}^0$.

Avec la notation (2.1-13), on peut alors écrire :

(2.1-36) $$\forall(v^0,v) \in H \times H^2_0(\omega), \, \mathscr{G}(v^0,v) = \overset{\bullet}{\mathscr{G}}(\overset{\bullet}{v}{}^0,v),$$

où $\overset{\bullet}{\mathscr{G}} : H \times H^2_0(\omega) \to \mathbb{R}$ est la fonctionnelle :

(2.1-37)
$$
\begin{cases}
\overset{\bullet}{\mathscr{G}}(\overset{\bullet}{v}{}^0,v) = \dfrac{E}{(1-\nu^2)} \int_\omega \left\{ \dfrac{1}{3}(\Delta v)^2 + (1-\nu)\sum_{\alpha,\beta}\left[\gamma_{\alpha\beta}(\overset{\bullet}{v}{}^0) + \dfrac{\partial_\alpha v \partial_\beta v}{2}\right]^2\right. \\[2mm]
\left. + \nu\left[\gamma_{\alpha\alpha}(\overset{\bullet}{v}{}^0) + \dfrac{\partial_\alpha v \partial_\alpha v}{2}\right]^2\right\} - \overset{\bullet}{\varphi}{}^0(\overset{\bullet}{v}{}^0) - \varphi(v),
\end{cases}
$$

c'est-à-dire que le diagramme :

(2.1-38)

$$
\begin{array}{ccc}
\left(H^1(\omega)\right)^2 \times H^2_0(\omega) & \longrightarrow & \mathbb{R} \\
{\scriptstyle s \times I}\Big\downarrow & \nearrow & \\
H \times H^2_0(\omega) & \overset{\overset{\bullet}{\mathscr{G}}}{} &
\end{array}
$$

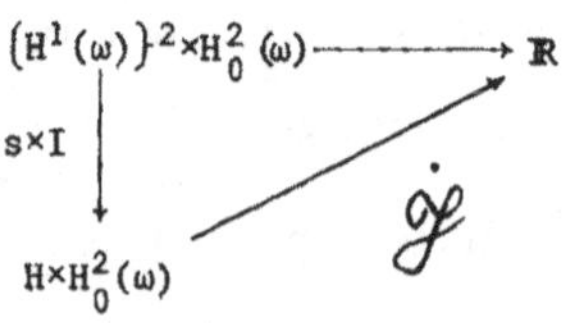

est commutatif.

Si $(\dot{u}^0,u)\in H\times H_0^2(\omega)$ réalise le minimum de la fonctionnelle $\dot{\mathcal{J}}$ sur cet espace, il est alors clair que $(u^0,u)\in (H^1(\omega))^2\times H_0^2(\omega)$ avec $u^0\in\dot{u}^0$ réalise le minimum de $\mathcal{J}$ sur l'espace $(H^1(\omega))^2\times H_0^2(\omega)$ et est donc solution du problème. Ceci découlera des résultats classiques (cf. par exemple J. CEA [1971]) si l'on montre que la fonctionnelle $\dot{\mathcal{J}}$ est faiblement s.c.i. sur l'espace $H\times H_0^2(\omega)$ et que l'ensemble :

(2.1-39) $$\mathcal{B} = \{(\dot{v}^0,v)\in H\times H_0^2(\omega)\ ;\ \dot{\mathcal{J}}(\dot{v}^0,v)\leqslant 0\},$$

est borné non vide.

En ce qui concerne la faible semi-continuité inférieure, la topologie de l'espace $H\times H_0^2(\omega)$ et la commutativité du diagramme (2.1-38) montrent qu'elle est vraie pour $\dot{\mathcal{J}}$ si et seulement si elle est vraie pour $\mathcal{J}$. Pour la fonctionnelle $\mathcal{J}$, cette propriété s'établit sans difficulté car les formes linéaires continues φ^0 et φ ne posent aucun problème ; le terme

$$\int_\omega (\Delta v)^2$$

définit une fonction convexe continue sur $H_0^2(\omega)$ donc faiblement s.c.i. (cf. EKELAND-TEMAM [1974]) tandis que grâce à la compacité de l'injection

$$H_0^2(\omega)\hookrightarrow W^{1,4}(\omega),$$

les termes complémentaires figurant dans (2.1-31) sont faiblement continus.

L'ensemble $\mathcal{B}$ (2.1-39) est trivialement non vide car il contient $(\dot{0},0)\in H\times H_0^2(\omega)$, et le problème se ramène à prouver qu'il est borné : pour cela, il sera plus clair de procéder en deux étapes.

1ère *Etape :* Elle va consister à prouver qu'il existe une constante $K>0$ telle que :

(2.1-40) $$(\dot{v}^0,v)\in\mathcal{B}\Rightarrow \|v\|_{2,\omega}\leqslant K.$$

En premier lieu, d'après l'inégalité de Korn bidimensionnelle, il existe une constante $C_1>0$ telle que pour tout $\dot{v}^0\in H$, on ait :

$$C_1^{-1}\|\dot{v}^0\|_H\leqslant\sum_{\alpha,\beta}|\gamma_{\alpha\beta}(\dot{v}^0)|_{0,\omega},$$

donc, pour tout $(\dot{v}^0,v)\in H\times H_0^2(\omega)$:

$$C_1^{-1}\|\dot{v}_0\|_H\leqslant\sum_{\alpha,\beta}\left|\gamma_{\alpha\beta}(\dot{v}^0)+\frac{\partial_\alpha v\partial_\beta v}{2}\right|_{0,\omega}+\frac{1}{2}\sum_{\alpha,\beta}|\partial_\alpha v\partial_\beta v|_{0,\omega},$$

ce qui, à l'aide de la semi-norme p (2.1-6), fournit à fortiori :

$$C_1^{-1} \|\dot{v}^0\|_H \leq \sum_{\alpha,\beta} \left|\gamma_{\alpha\beta}(\dot{v}^0) + \frac{\partial_\alpha v \partial_\beta v}{2}\right|_{0,\omega} + (p(v))^2. \tag{2.1-41}$$

Il sera ici commode d'employer sur l'espace $H_0^2(\omega)$ la norme équivalente :

$$\|v\|_{2,\omega} = |\Delta v|_{0,\omega}. \tag{2.1-42}$$

Les formes linéaires $\dot{\varphi}^0$ et φ (2.1-32) et (2.1-33) étant continues sur les espaces H et $H_0^2(\omega)$ respectivement, nous appellerons désormais $\|\dot{\varphi}^0\|_*$ et $\|\varphi\|_*$ leurs normes duales relatives aux normes choisies sur l'espace H et sur l'espace $H_0^2(\omega)$.

Avec l'inégalité (2.1-41) et (2.1-42), on obtient facilement :

$$\left\{\begin{aligned} &\mathcal{J}(\dot{v}^0,v) \geq \frac{E}{3(1-\nu^2)}\|v\|_{2,\omega}^2 - \|\varphi\|_*\|v\|_{2,\omega} - C_1\|\dot{\varphi}^0\|_*(p(v))^2 \\ &+ \frac{E}{(1+\nu)}\sum_{\alpha,\beta}\left|\gamma_{\alpha\beta}(\dot{v}^0) + \frac{\partial_\alpha v\partial_\beta v}{2}\right|_{0,\omega}^2 - C_1\|\dot{\varphi}^0\|_* \sum_{\alpha,\beta}\left|\gamma_{\alpha\beta}(\dot{v}^0) + \frac{\partial_\alpha v\partial_\beta v}{2}\right|_{0,\omega}. \end{aligned}\right. \tag{2.1-43}$$

Mais, pour tout couple (α,β), on a :

$$\frac{E}{(1+\nu)}\left|\gamma_{\alpha\beta}(\dot{v}^0) + \frac{\partial_\alpha v\partial_\beta v}{2}\right|^2 - C_1\|\dot{\varphi}^0\|_* \left|\gamma_{\alpha\beta}(\dot{v}^0) + \frac{\partial_\alpha v\partial_\beta v}{2}\right| \geq - \frac{C_1^2\|\dot{\varphi}_0\|_*^2(1+\nu)}{4E},$$

de sorte que (2.1-43) s'écrit :

$$\mathcal{J}(\dot{v}^0,v) \geq \frac{E}{3(1-\nu^2)}\|v\|_{2,\omega}^2 - \|\varphi\|_*\|v\|_{2,\omega} - C_1\|\dot{\varphi}^0\|_*(p(v))^2 - \frac{C_1^2\|\dot{\varphi}^0\|_*^2(1+\nu)}{E} \tag{2.1-44}$$

(on notera que l'on obtient ici une minoration de $\mathcal{J}$ en fonction du seul argument $v\in H_0^2(\omega)$).

Si la condition (2.1-40) n'est pas réalisée, il existe une suite $(\dot{v}_n^0,v_n)\in\mathcal{B}$ telle que :

$$\lim \|v_n\|_{2,\omega} = +\infty, \tag{2.1-45}$$

et l'on déduit de (2.1-44) que :

$$0 \geq \frac{E}{3(1-\nu^2)}\|v_n\|_{2,\omega}^2 - \|\varphi\|_*\|v_n\|_{2,\omega} - C_1\|\dot{\varphi}^0\|_*(p(v_n))^2 - \frac{C_1^2\|\dot{\varphi}^0\|_*(1+\nu)}{E}. \tag{2.1-46}$$

Les conditions ($0<\nu<\frac{1}{2}$ en pratique) portant sur le coefficient ν assurant que $(1-\nu^2)>0$, on déduit de (2.1-45) que :

$$\lim\left\{-\frac{E}{6(1-\nu^2)}\|v_n\|^2_{2,\omega}+\|\varphi\|_\star\|v_n\|_{2,\omega}+\frac{C_1^2\|\dot{\varphi}^0\|_\star(1+\nu)}{E}\right\}=-\infty,$$

ce qui, en répartissant convenablement les termes dans les deux membres de (2.1-46), conduit, pour n assez grand, à :

$$\frac{E}{6(1-\nu_2)}\|v_n\|^2_{2,\omega}\leqslant C_1\|\dot{\varphi}^0\|_\star\,\big(p(v_n)\big)^2.$$

Cette inégalité signifie exactement que pour n assez grand :

(2.1-47) $$v_n\in T_M,\quad \left(M=\left[\frac{6C_1\|\dot{\varphi}^0\|_\star\;(1-\nu^2)}{E}\right]^{\frac{1}{2}}\right),$$

l'ensemble T_M étant défini par (2.1-7). On peut supposer sans préjudice de généralité que (2.1-47) a lieu pour tout $n\in\mathbb{N}$ et aussi, d'après (2.1-45) que :

(2.1-48) $$\|v_n\|_{2,\omega}\geqslant 1,\quad \forall n\in\mathbb{N}.$$

A l'aide de (2.1-47) et (2.1-48), le Lemme 2.1-2 s'applique (avec M comme en (2.1-47) et $\varepsilon=1$) et prouve qu'il existe une constante $C>0$ telle que :

(2.1-49) $$\sum_{\alpha,\beta}\left|\gamma_{\alpha\beta}(\dot{v}^0_n)+\frac{\partial_\alpha v\partial_\beta v}{2}\right|^2_{0,\omega}\geqslant C\{\|\dot{v}^0_n\|^2_H+\|v_n\|^2_{2,\omega}\}.$$

Reprenons alors l'expression (2.1-37) de la fonctionnelle $\mathscr{J}$; on obtient

$$\mathscr{J}(\dot{v}^0,v)\geqslant\frac{E}{3(1-\nu^2)}\|v\|^2_{2,\omega}-\|\varphi\|_\star\;\|v\|_{2,\omega}$$
$$+\sum_{\alpha,\beta}\left|\gamma_{\alpha\beta}(\dot{v}^0)+\frac{\partial_\alpha v\partial_\beta v}{2}\right|-\|\dot{\varphi}^0\|_\star\|\dot{v}^0\|_H,$$

ce qui, avec (2.1-49), entraîne à fortiori, pour les couples $(\dot{v}^0_n,v_n)$ précédents :

(2.1-50) $$\left\{\begin{aligned}0\geqslant&\left[\frac{E}{3(1-\nu^2)}+C\right]\|v_n\|^2_{2,\omega}-\|\varphi\|_\star\;\|v_n\|_{2,\omega}\\&+C\|\dot{v}^0_n\|^2_H-\|\dot{\varphi}^0\|_\star\;\|\dot{v}^0_n\|_H.\end{aligned}\right.$$

Puisque :

$$C\|\dot{v}^0_n\|^2_H-\|\dot{\varphi}^0\|_\star\;\|\dot{v}^0_n\|_H\geqslant-\frac{\|\dot{\varphi}^0\|^2_\star}{4C},$$

il découle immédiatement de (2.1-50) que :

$$0\geqslant\left[\frac{E}{3(1-\nu^2)}+C\right]\|v_n\|^2_{2,\omega}-\|\varphi\|_\star\;\|v_n\|_{2,\omega}-\frac{\|\dot{\varphi}^0\|^2_\star}{4C},$$

pour tout $n\in\mathbb{N}$, inégalité incompatible avec (2.1-45) et ceci prouve la condition (2.1-40).

2ème *Etape :* Reprenons la minoration (2.1-43) $\left(\text{valable pour tout couple } (\dot{v}^0,v) \in H\times H_0^2(\omega)\right)$: pour $(\dot{v}^0,v) \in \mathcal{B}$, on déduit de la définition de cet ensemble (cf. (2.1-39)) et de (2.1-40) que pour tout couple $1 \leq \alpha,\beta \leq 2$, la quantité :

$$\left|\gamma_{\alpha\beta}(\dot{v}^0) + \frac{\partial_\alpha v \partial_\beta v}{2}\right|_{0,\omega}$$

est bornée dans $\mathcal{B}$ et en appliquant à nouveau (2.1-40), on en conclut que pour tout couple $1 \leq \alpha,\beta \leq 2$, la quantité :

$$|\gamma_{\alpha\beta}(\dot{v}^0)|_{0,\omega}$$

est bornée dans $\mathcal{B}$. Il en va alors de même de

$$\Big(\sum_{\alpha,\beta} |\gamma_{\alpha\beta}(\dot{v}^0)|_{0,\omega}^2\Big)^{\frac{1}{2}},$$

et ceci, avec l'inégalité de Korn bidimensionnelle, prouve que $\|\dot{v}^0\|_H$ est bornée pour $(\dot{v}^0,v) \in \mathcal{B}$. A l'aide de la première partie (inégalité (2.1-40)), on conclut que $\mathcal{B}$ est borné dans $H\times H_0^2(\omega)$ et ceci achève la démonstration. ■

Remarque 2.1-2 : Le Théorème 2.1-1 améliore CIARLET et DESTUYNDER [1979], qui prouvent l'existence de solutions lorsque les quantités $|h_\alpha|_{0,\gamma}$ sont assez petites ; d'autre part, la technique employée s'adapte à d'autres modèles de plaque (cf. P. RABIER [1979]). ■

RESULTATS DE REGULARITE

Il nous reste encore à prouver la régularité de la solution obtenue. En fait, nous allons énoncer un résultat concernant la régularité de *toute* solution (non nécessairement de la forme trouvée au Théorème 2.1-1, c'est-à-dire réalisant le minimum de la fonctionnelle $\mathcal{J}$ (2.1-31)) du problème "déplacement" (1.4-12)-(1.4-16).

THEOREME 2.1-2 : *Avec les hypothèses du Théorème* 2.1-1, *toute solution* $(u^0,u) \in \left(H^1(\omega)\right)^2\times H_0^2(\omega)$ *possède la régularité :*

$$u \in H^4(\omega).$$

De plus, si $(h_\alpha) \in \left(H^{\frac{1}{2}}(\gamma)\right)^2$, *on a :*

$$(u^0,u) \in \left(H^2(\omega)\right)^2\times \left(H_0^2(\omega) \cap H^4(\omega)\right).$$

Démonstration : Nous établirons au paragraphe 2 (Théorème 2.2-2) la régularité d'un autre problème avec des arguments en tous points analogues à ceux qui doivent intervenir ici. Nous renvoyons le lecteur à la démonstration du Théorème 2.2-2, en lui laissant le soin de l'adapter au cas qui nous intéresse ici. ■

Remarque 2.1-3 : Nous donnerons au paragraphe suivant un résultat général d'existence et de régularité des solutions du problème de von Kármán. Ceci peut paraître inutile puisque nous avons (sous réserve de la régularité $H^{\frac{1}{2}}(\gamma)$ pour les données h_α) démontré l'équivalence entre le problème "déplacement" et les équations de von Kármán au paragraphe 5 du premier chapitre (Théorèmes 1.5-1 et 1.5-2) lorsque l'ouvert ω est *simplement connexe*, et signalé que *l'équivalence persiste lorsque l'ouvert ω est multiplement connexe* (avec les précautions à prendre sur l'interprétation de la fonction d'Airy). En réalité, on peut aisément se persuader qu'un ouvert borné ω du plan, de frontière $\mathcal{C}^\infty$, satisfaisant aux hypothèses de "régularité" habituelles dans les équations aux dérivées partielles est automatiquement m-connexe (m *entier* ≥ 0) et rentre donc dans les catégories précédentes où l'équivalence est vraie : l'ambiguïté est qu'entre l'évidence et la démonstration mathématique et en l'absence de références appropriées portées à notre connaissance, il nous faudrait mettre en oeuvre un arsenal technique assez considérable et de surcroît démontrer rigoureusement l'équivalence des problèmes dans le cas "multiplement connexe", ce qui nécessite aussi de longues et fastidieuses considérations sur la topologie du plan.

Le fait de démontrer dans deux cadres différents le même résultat nous permet de conserver la rigueur tandis que dans le but d'utilisations non mathématiques, admettre à l'aide des arguments ci-dessus l'équivalence des deux contextes ne nous paraît trahir aucun code de déontologie. ■

Remarque 2.1-4 : Avec les Théorèmes 2.1-1 et 2.1-2, nous avons établi l'existence de solutions (u^0,u) du problème "déplacement" bidimensionnel possèdant la régularité :

$$(u^0,u) \in \left(H^2(\omega)\right)^2 \times \left(H_0^2(\omega) \cap H^4(\omega)\right),$$

et donc, à fortiori,

$$(u^0,u) \in \left(W^{1,4}(\omega)\right)^2 \times \left(H_0^2(\omega) \cap H^4(\omega)\right),$$

qui est exactement la régularité requise pour que la solution (u^0,u) engendre un élément $(\sigma,u) \in \sum \times V$ solution des équations (1.4-1)-(1.4-5), qui corresponde au premier terme du développement asymptotique (1.3-40) (pour comprendre le sens de cette remarque, se reporter au Chapitre 1, paragraphes 3 et 4). ■

2.2. RÉSULTATS D'EXISTENCE ET DE RÉGULARITÉ POUR LE MODÈLE DE VON KÁRMÁN

Reprenons les équations de von Kármán (1.5-46)-(1.5-49). En changeant u en αu et ϕ en $\beta\phi$ pour des valeurs convenables des constantes réelles α et β, il est facile de voir que l'on peut exprimer ces équations sous la forme plus simple (qui est celle sous laquelle elles figurent le plus souvent dans la littérature !)

(2.2-1) $$\Delta^2 u = [\phi,u] + f, \quad f \in L^2(\omega), \text{ dans } \omega,$$

(2.2-2) $$\Delta^2\phi = -[u,u] \text{ dans } \omega,$$

(2.2-3) $$u = \partial_\nu u = 0 \text{ sur } \gamma,$$

(2.2-4) $$\phi = \varphi_0 \in H^{\frac{5}{2}}(\gamma), \partial_\nu\phi = \varphi_1 \in H^{\frac{3}{2}}(\gamma) \text{ sur } \gamma.$$

Conformément au Théorème 1.5-1, nous sommes intéressés par les solutions (u,ϕ) possédant au moins la régularité :

$$(u,\phi) \in \left(H_0^2(\omega) \cap H^4(\omega)\right) \times H^3(\omega),$$

puisque d'après le Théorème 1.5-2, un tel couple engendre une solution $(u^0,u) \in \left(H^2(\omega)\right)^2 \times \left(H_0^2(\omega) \cap H^4(\omega)\right)$ du problème "déplacement" (1.4-12)-(1.4-16) ce couple engendrant lui-même une solution $(\sigma,u) \in \sum \times V$ des équations (1.4-1)-(1.4-5) donnant le premier terme du développement asymptotique (1.3-40) (Théorème 1.4-1 notamment).

Cependant, du point de vue mathématique, les équations (2.2-1)-(2.2-4) peuvent parfaitement être étudiées indépendamment du fait que l'ouvert ω est simplement connexe et avec des conditions aux limites moins restrictives (par exemple $\varphi_0 \in H^{\frac{3}{2}}(\gamma)$, $\varphi_1 \in H^{\frac{1}{2}}(\gamma)$), avec une donnée $f \in H^{-2}(\omega)$ au lieu de $L^2(\omega)$, etc ...

Tout ce qui sera dit dans ce paragraphe s'adapte à des conditions plus générales, mais, *pour fixer les idées,* nous travaillerons avec les équations telles qu'elles sont posées en (2.2-1)-(2.2-4).

Nous suivrons, en le précisant et en le complétant, le point de vue de M.S. BERGER [1977].

Nous allons tout d'abord transformer les équations de von Kármán (2.2-1)-(2.2-4) sous une forme qui se prête davantage à leur étude pratique. Pour cela, soit $\theta_0 \in H^2(\omega)$ la solution (unique) du problème :

(2.2-5) $$\Delta^2\theta_0 = 0,$$

(2.2-6) $$\theta_0 = \varphi_0 \in H^{\frac{5}{2}}(\gamma) \text{ sur } \gamma, \ \partial_\nu\theta_0 = \varphi_1 \in H^{\frac{3}{2}}(\gamma) \text{ sur } \gamma.$$

Si l'on pose :

(2.2-7) $$\psi = \phi - \theta_0,$$

le couple $(u,\psi) \in H_0^2(\omega) \times H_0^2(\omega)$ vérifie :

(2.2-8) $$\Delta^2 u = [\psi,u] + [\theta_0,u] + f,$$

(2.2-9) $$\Delta^2\psi = - [u,u] .$$

Remarque 2.2-1 : Bien que ceci n'intervienne pas dans l'étude mathématique du problème, il est bon de se souvenir que la donnée $f \in L^2(\omega)$ correspond aux forces verticales $(g_3^+ + g_3^- + \int_{-1}^{1} f_3 dt)$ tandis que la dépendance vis-à-vis des forces horizontales (h_α) est exprimée par la fonction θ_0 (par l'intermédiaire des fonctions φ_0 et φ_1). ■

L'OPERATEUR BILINEAIRE B

Soient v et w deux éléments quelconques de l'espace $H^2(\omega)$: il existe un élément unique dans l'espace $H_0^2(\omega)$, noté $B(v,w)$, tel que :

$$(2.2\text{-}10)\qquad \begin{cases} \Delta^2 B(v,w) = [v,w] \text{ dans } \omega, \\ B(v,w) \in H_0^2(\omega). \end{cases}$$

En effet, on a :

$$(v,w) \in (H^2(\omega))^2 \Rightarrow [v,w] \in L^1(\omega) \hookrightarrow H^{-2}(\omega).$$

Vérifions l'inclusion précédente : soit $g \in L^1(\omega)$ fixé. Alors, g définit une distribution sur ω par :

$$\varphi \in \mathcal{D}(\omega) \longrightarrow \langle g,\varphi\rangle = \int_\omega g\varphi,$$

et on a :

$$\forall\varphi \in \mathcal{D}(\omega),\ |\langle g,\varphi\rangle| \leq |g|_{0,1,\omega} |\varphi|_{0,\infty,\omega}.$$

Par ailleurs, d'après le Théorème de Sobolev, on sait que :

$$H^2(\omega) \hookrightarrow \mathcal{C}^0(\bar{\omega}),$$

et il existe donc une constante $c > 0$ telle que :

$$(2.2\text{-}11)\qquad \forall\varphi \in \mathcal{D}(\omega),\ |\langle g,\varphi\rangle| \leq c|g|_{0,1,\omega} \|\varphi\|_{2,\omega}.$$

Par densité de $\mathcal{D}(\omega)$ dans l'espace $H_0^2(\omega)$, l'inégalité précédente montre que la distribution g définit une forme linéaire continue sur l'espace $H_0^2(\omega)$, c'est-à-dire par définition, un élément de l'espace $H^{-2}(\omega)$. Enfin, l'inégalité (2.2-11) montre aussi que :

$$\|g\|_{-2,\omega} = \sup_{\substack{\|\varphi\|_{2,\omega}=1 \\ \varphi\in\mathcal{D}(\omega)}} |\langle g,\varphi\rangle| \leq c|g|_{0,1,\omega},$$

pour tout $g \in L^1(\omega)$, ce qui prouve que l'injection :

$$(2.2\text{-}12)\qquad L^1(\omega) \hookrightarrow H^{-2}(\omega),$$

est continue. L'équation (2.2-10) fait intervenir l'opérateur biharmonique avec second membre dans l'espace $H^{-2}(\omega)$: il est bien connu (par la théorie variationnelle) qu'elle admet une solution unique dans l'espace $H_0^2(\omega)$.

Ainsi, la formule (2.2-10) définit un opérateur $B : (H^2(\omega))^2 \longrightarrow H_0^2(\omega)$. De plus, il découle immédiatement de la définition que :

$$(2.2\text{-}13)\qquad \forall\varphi \in H_0^2(\omega),\quad \forall(v,w) \in (H^2(\omega))^2,\ \int_\omega \Delta B(v,w)\Delta\varphi = \int_\omega [v,w]\varphi.$$

LEMME 2.2-1 : *L'opérateur* $B:\{H^2(\omega)\}^2 \to H_0^2(\omega)$ *ainsi défini est bilinéaire, symétrique et continu.*

Démonstration : La bilinéarité et la symétrie sont évidentes : elles découlent des mêmes propriétés pour le crochet $[\cdot,\cdot]$. Vérifions la continuité. Il existe une constante $c_0>0$ telle que pour tout couple $(v,w)\in\{H^2(\omega)\}^2$:

$$\|B(v,w)\|_{2,\omega} \leq c_0 \|[v,w]\|_{-2,\omega},$$

grâce à la continuité de l'opérateur inverse de l'opérateur biharmonique de l'espace $H^{-2}(\omega)$ dans l'espace $H_0^2(\omega)$. En appliquant l'inclusion (2.2-12), on voit qu'il existe une constante $c_1>0$ telle que :

$$\|B(v,w)\|_{2,\omega} \leq c_1 |[v,w]|_{0,1,\omega},$$

et, sur la définition du crochet $[\cdot,\cdot]$, on vérifie immédiatement qu'il existe alors une constante $c_2>0$ telle que :

$$\|B(v,w)\|_{2,\omega} \leq c_2 |v|_{2,\omega} |w|_{2,\omega},$$

ce qui prouve la continuité de l'opérateur bilinéaire B. ■

Avec ce qui précède, l'équation (2.2-9) :

$$\psi\in H_0^2(\omega), \Delta^2\psi = -[u,u],$$

n'est autre que :

$$\psi = -B(u,u).$$

Le report dans l'équation (2.2-8) permet de récrire cette dernière :

$$u\in H_0^2(\omega),\ \Delta^2 u = -[B(u,u),u] + [\theta_0,u] + f. \tag{2.2-14}$$

Soit $F\in H_0^2(\omega)$ la solution du problème :

$$\begin{cases} \Delta^2 F = f\in L^2(\omega) \text{ dans } \omega, \\ F\in H_0^2(\omega). \end{cases} \tag{2.2-15}$$

Au moyen de F, (2.2-14) prend la forme équivalente :

$$\Delta^2(u-F) = -[B(u,u),u] + [\theta_0,u] = [-B(u,u)+\theta_0,u],$$

soit :

$$u - F = B\big(-B(u,u) + \theta_0, u\big) = -B\big(B(u,u),u\big) + B(\theta_0,u),$$

par la bilinéarité de l'opérateur B. Donc, les équations (2.2-8)-(2.2-9) sont équivalentes aux relations :

(2.2-16) $$u = -B\big(B(u,u),u\big) + B(\theta_0,u) + F,$$

(2.2-17) $$\psi = -B(u,u),$$

sur lesquelles il apparait clairement que ψ vérifiant (2.2-17) est connu dès que u vérifiant (2.2-16) l'est aussi ; en conséquence, les équations de von Kármán (2.2-1)-(2.2-4) *équivalent* à la recherche des éléments $u \in H_0^2(\omega)$ vérifiant l'équation (2.2-16) (auquel cas ψ est obtenu par (2.2-17)).

Remarque 2.2-2 : Sous la forme (2.2-16), on précise le caractère non-linéaire des équations de von Kármán (par la présence du terme "cubique" $B\big(B(u,u),u\big)$). ■

Les résultats qui suivent vont nous servir à établir quelques propriétés (essentielles pour la suite) de l'opérateur B.

LEMME 2.2-2 : *L'application :*

$$(u,v,w) \in \big(H^2(\omega)\big)^3 \rightarrow \int_\omega [u,v]\, w,$$

est trilinéaire continue et ne dépend pas de l'ordre des arguments dès lors que l'un au moins des trois arguments appartient à l'espace $H_0^2(\omega)$ *; de plus, dans ce dernier cas (et dans ce cas seulement) :*

(2.2-18) $$\int_\omega [u,v]\, w = \int_\omega \partial_{12}u(\partial_1 v \partial_2 w + \partial_2 v \partial_1 w) - \int_\omega (\partial_{11}u \partial_2 v \partial_2 w + \partial_{22}u \partial_1 v \partial_1 w).$$

Démonstration : Tout d'abord, la formule est bien définie puisque :

$$(u,v) \in \big(H^2(\omega)\big)^2 \Rightarrow [u,v] \in L^1(\omega) \ ; \ w \in H^2(\omega) \hookrightarrow \mathscr{C}^0(\overline{\omega}),$$

et donc $[u,v]\, w \in L^1(\omega)$. La trilinéarité est évidente et la continuité se montre à l'aide des mêmes arguments qui ont servi à montrer la continuité de l'opérateur B au lemme précédent.

Soient $(u,v,w) \in \mathscr{C}^\infty(\overline{\omega})$. On peut écrire :

$$\int_\omega [u,v]\, w = I_1 + I_2,$$

avec :

$$I_1 = \int_\omega \{w\partial_{11}u\partial_{22}v - w\partial_{12}u\partial_{12}v\},$$

$$I_2 = \int_\omega \{w\partial_{22}u\partial_{11}v - w\partial_{12}u\partial_{12}v\ .$$

On s'aperçoit alors que :

$$I_1 = \int_\omega \partial_2(w\partial_{11}u\partial_2 v - w\partial_{12}u\partial_1 v) - \int_\omega \partial_2 v\partial_2(w\partial_{11}u) + \int_\omega \partial_1 v\partial_2(w\partial_{12}u)\ ;$$

par suite, si l'une quelconque des fonctions u,v ou w est dans $\mathscr{D}(\omega)$, la première intégrale (qui correspond à un terme de bord) est nulle, et il reste :

$$I_1 = -\int_\omega \partial_2 v\partial_2(w\partial_{11}u) + \int_\omega \partial_1 v\partial_2(w\partial_{12}u).$$

De même, le calcul de I_2 conduit à :

$$I_2 = -\int_\omega \partial_1 v\partial_1(w\partial_{22}u) + \int_\omega \partial_1(w\partial_{12}u)\partial_2 v,$$

et, dans la somme $I_1 + I_2$, on voit immédiatement (en développant) qu'il ne reste que le second membre de (2.2-18), relation qui est donc établie dès que les arguments u, v et w sont dans l'espace $\mathscr{C}^\infty(\overline{\omega})$, l'un quelconque d'entre eux étant dans l'espace $\mathscr{D}(\omega)$. Par densité (de l'espace $\mathscr{D}(\omega)$ dans l'espace $H_0^2(\omega)$ et de l'espace $\mathscr{C}^\infty(\overline{\omega})$ dans l'espace $H^2(\omega)$ on déduit grâce à la continuité des deux membres de (2.2-18) sur l'espace $(H^2(\omega))^3$ que l'identité (2.2-18) a lieu pour $(u,v,w) \in (H^2(\omega))^3$, dès que l'un au moins des trois arguments appartient à l'espace $H_0^2(\omega)$.

Puisque dans le membre de gauche de (2.2-18) il est évident que l'on peut échanger u et v et puisque dans le second membre il est évident que l'on peut échanger v et w, la symétrie s'ensuit : on peut mettre u, v et w dans un ordre arbitraire. ■

COROLLAIRE 2.2-1 : *Soit* $v \in H_0^2(\omega)$ *vérifiant :*

$$[v,v] = 0.$$

Alors, $v = 0$.

Démonstration : Pour toute fonction $\varphi \in H^2(\omega)$, on a :

$$0 = \int_\omega [v,v]\varphi = \int_\omega [v,\varphi]\, v,$$

d'après la symétrie démontrée au Lemme 2.2-2. En particulier, prenons :

$$\varphi(x_1, x_2) = \frac{1}{2}(x_1^2 + x_2^2).$$

Il est clair que :

$$[v,\varphi] = \Delta v,$$

et l'identité précédente s'écrit :

$$\int_\omega (\Delta v) v = 0,$$

or, pour $v \in H_0^2(\omega) \subset H_0^1(\omega)$, on a :

$$\int_\omega (\Delta v) v = \int_\omega \nabla v\, \nabla v = |v|_{1,\omega}^2.$$

Ainsi :

$$|v|_{1,\omega} = 0,$$

soit, puisque $v \in H_0^1(\omega)$, $v = 0$. ■

COROLLAIRE 2.2-2 : *Il existe une constante* $C > 0$ *telle que pour tout triplet* $(u,v,w) \in (H^2(\omega))^3$, *l'un au moins des trois arguments appartenant à l'espace* $H_0^2(\omega)$, *on ait :*

$$\left| \int_\omega [u,v]\, w \right| \leq C |u|_{2,\omega}\, |v|_{1,4,\omega} |w|_{1,4,\omega}.$$

Démonstration : elle découle immédiatement de (2.2-18). ■

Dorénavant, nous supposerons l'espace $H_0^2(\omega)$ muni du produit scalaire :

(2.2-19) $$((v,w)) = \int_\omega \Delta v\, \Delta w,$$

induisant la norme équivalente à la norme usuelle :

(2.2-20) $$\|v\| = \left(\int_\omega (\Delta v)^2\right)^{\frac{1}{2}}.$$

LEMME 2.2-3 : *Pour tout* $u \in H^2(\omega)$ *et pour tout couple* $(v,w) \in (H_0^2(\omega))^2$, *on a :*

(2.2-21) $$((B(u,v),w)) = ((B(u,w),v)) .$$

Démonstration : D'après (2.2-13), on a, pour $w \in H_0^2(\omega)$:

$$((B(u,v),w)) = \int_\omega [u,v]\, w = \int_\omega [u,w]\, v,$$

grâce au Lemme 2.2-2 et encore par (2.1-13), puisque $v \in H_0^2(\omega)$:

$$\int_\omega [u,w]\, v = ((B(u,w),v)) \,. \qquad \blacksquare$$

Nous aurons besoin de la définition générale suivante :

Définition : *Soit* E *un espace de Banach réflexif et soit* F *un espace de Banach. Une application*

$$\Gamma : E \longrightarrow F,$$

est dite complètement continue si pour toute suite $(x_n)_{n\in\mathbb{N}}$ *d'éléments de* E *qui converge faiblement vers* $x \in E$, *la suite* $(\Gamma(x_n))_{n\in\mathbb{N}}$ *converge (au sens de la norme) vers* $\Gamma(x)$ *dans l'espace* E.

Remarque 2.2-3 : Avec cette définition, il est évident que tout opérateur complètement continu est continu. ■

Remarque 2.2-4 : On définit souvent la notion d'opérateur (non linéaire) compact en demandant :

(i) la continuité (au sens des normes),

(ii) que l'image de tout borné de E soit relativement compacte dans F.

Grâce à la réflexivité de l'espace E, un opérateur complètement continu de E dans F est compact (cette propriété est fausse si l'espace E n'est pas réflexif car la boule unité de E n'est alors plus faiblement compacte), la réciproque étant fausse en général, sauf pour les opérateurs linéaires. ■

LEMME 2.2-4 : *L'opérateur* $B : (H^2(\omega))^2 \longrightarrow H_0^2(\omega)$ *est complètement continu.*

Démonstration : Par (2.1-3), le Lemme 2.2-2, le Corollaire 2.2-2 et l'équivalence de la norme $\|\cdot\|$ (2.2-20) avec la norme usuelle de l'espace $H_0^2(\omega)$, on sait qu'il existe une constante $C > 0$ telle que pour tout couple $(v,w) \in H^2(\omega)$ et tout $\varphi \in H_0^2(\omega)$:

$$|((B(v,w),\varphi))| = \left|\int_\omega [\varphi,v]\,w\right| \leq C\|\varphi\|\,|v|_{1,4,\omega}|w|_{1,4,\omega}\,.$$

D'autre part, écrivons (puisque B est à valeurs dans l'espace $H_0^2(\omega)$) :

$$\text{(2.2-22)} \qquad \|B(v,w)\| = \sup_{\substack{\varphi\in H_0^2(\omega)\\ \varphi\neq 0}} \frac{((B(v,w),\varphi))}{\|\varphi\|} \leq C|v|_{1,4,\omega}|w|_{1,4,\omega}\,.$$

Soit alors $(v_n,w_n)\in \left(H^2(\omega)\right)^2$ une suite qui converge faiblement vers $(v,w)\in\left(H^2(\omega)\right)^2$.

Supposons d'abord que $v = w = 0$. Alors, la compacité de l'injection :

$$\text{(2.2-23)} \qquad H^2(\omega) \hookrightarrow W^{1,4}(\omega),$$

jointe à (2.2-22) montre que :

$$\lim \|B(v_n,w_n)\| = 0,$$

c'est-à-dire que B est complètement continu à l'origine.

Passons au cas général; la bilinéarité de B permet d'écrire :

$$B(v_n,w_n) - B(v,w) = B(v_n-v,w) + B(v,w_n-w) + B(v_n-v,w_n-w),$$

soit :

$$\|B(v_n,w_n) - B(v,w)\| \leq \|B(v_n-v,w)\| + \|B(v,w_n-w)\| + \|B(v_n-v,w_n-w)\|\,.$$

Le dernier terme du membre de droite de cette inégalité tend vers 0 grâce à ce qui précède. Montrons qu'il en va de même des deux autres (il suffit de le prouver pour un seul puisque v et w d'une part et v_n et w_n d'autre part jouent des rôles symétriques). L'inégalité (2.2-22) donne :

$$\|B(v_n-v,w)\| \leq C|v_n-v|_{1,4,\omega}|w|_{1,4,\omega},$$

et la conclusion découle alors du même argument de compacité de l'injection (2.2-23).

■

L'OPERATEUR "CUBIQUE" C

Pour $v \in H_0^2(\omega)$, posons :

(2.2-24) $$C(v) = B\big(B(v,v),v\big),$$

ce qui définit un opérateur C de l'espace $H_0^2(\omega)$ dans lui-même.

Remarque 2.2-5 ; Evidemment, la formule (2.2-24) conserve un sens pour $v \in H^2(\omega)$ et l'opérateur C peut être défini comme opérateur de l'espace $H^2(\omega)$ dans l'espace $H_0^2(\omega)$. Cependant, avec cette définition élargie, l'opérateur C ne vérifierait pas toutes les propriétés qui vont suivre. ■

LEMME 2.2-5 : *L'opérateur* C (2.2-24) *vérifie les propriétés suivantes :*

(i) *c'est un opérateur continu, "cubique" dans le sens suivant :*

$$\forall \alpha \in \mathbb{R}, \quad \forall v \in H_0^2(\omega), \ C(\alpha v) = \alpha^3 C(v).$$

Pour tout $v \in H_0^2(\omega)$, *on a :*

(2.2-25) $$\| C(v) \| \leq \| B \|^2 \ \| v \|^3,$$

Pour tout couple $(v,w) \in H_0^2(\omega)$, *on a :*

(2.2-26) $$((C(v)-C(w),w-v)) \leq \| B \|^2 \operatorname{Max}\{\| v \|^2, \| w \|^2\} \ \| v-w \|^2,$$

(2.2-27) $$\| C(v)-C(w) \| \leq 3 \| B \|^2 \operatorname{Max}\{\| v \|^2, \| w \|^2\} \ \| v-w \| .$$

(ii) *c'est un opérateur complètement continu de l'espace* $H_0^2(\omega)$.

Démonstration :

(i) La continuité est évidente (composition d'applications continues), ainsi que l'homogénéité de degré 3. Il est clair que la restriction de l'opérateur B à l'espace $\big(H_0^2(\omega)\big)^2$ est bilinéaire continue à valeurs dans l'espace $H_0^2(\omega)$ et sa norme (relative à la norme (2.2-20)) est notée :

(2.2-28) $$\| B \| \ \left(= \| B \|_{\mathcal{L}_2\left(H_0^2(\omega);H_0^2(\omega)\right)}\right).$$

Dans ces conditions, (2.2-25) découle de :

$$\forall v \in H_0^2(\omega), \ \| C(v) \| = \| B\big(B(v,v)v\big) \| \leq \| B \| \ \| B(v,v) \| \ \| v \| \leq \| B \|^2 \ \| v \|^3 .$$

Pour établir (2.2-26), remarquons que pour tout $h \in H_0^2(\omega)$, on a :

$$((C(v)-C(w),h)) = \int_0^1 ((DC\big(v+t(v-w)\big)\cdot(v-w),h))\, dt. \tag{2.2-29}$$

Or, un simple calcul montre que pour tout $v_0 \in H_0^2(\omega)$ et tout $h \in H_0^2(\omega)$:

$$DC(v_0)\cdot h = 2B\big(B(v_0,h),v_0\big) + B\big(B(v_0,v_0),h\big),$$

d'où l'on tire :

$$((DC(v_0)\cdot h,-h)) = -2\,\|B(v_0,h)\|^2 - ((B(v_0,v_0),B(h,h))) \leqslant - ((B(v_0,v_0),B(h,h))),$$

par le Lemme 2.2-3. En particulier, pour $h = v - w$, cette inégalité reportée dans (2.2-29) donne :

$$\begin{aligned}((C(v)-C(w),w-v)) &\leqslant - \int_0^1 ((B\big(v+t(v-w),v+t(v-w)\big),\ B(v-w,v-w)))\, dt \\ &\leqslant \int_0^1 \|B\big(v+t(v-w),\ v+t(v-w)\big)\|\, dt\ \|B(v-w,v-w)\| \\ &\leqslant \|B\|^2\,\|v-w\|^2 \int_0^1 \|v+t(v-w)\|^2 dt.\end{aligned}$$

Grâce à la convexité du carré de la norme, on conclut (2.2-26).

En vertu du Lemme 2.2-3, pour tout triplet $(v,w,\varphi) \in \big(H_0^2(\omega)\big)^3$, on a :

$$|\ ((C(v)-C(w),\varphi))| = ((B\big(v-w,B(v,v) + B(v,w) + B(w,w)\big),\varphi)),$$

d'où l'on tire sans peine que :

$$|((C(v)-C(w),\varphi))| \leqslant \|B\|^2\ \|v-w\|\ \{\|v\|^2 + \|v\|\,\|w\| + \|w\|^2\}\,\|\varphi\|,$$

et (2.2-27) s'ensuit si l'on note que :

$$\|C(v)-C(w)\| = \sup_{\|\varphi\|\leqslant 1} ((C(v)-C(w),\varphi)),$$

et que :

$$\|v\|^2 + \|v\|\,\|w\| + \|w\|^2 \leqslant 3\ \mathrm{Max}\{\|v\|^2,\ \|w\|^2\}.$$

(ii) Si $(v_n)_{n\in\mathbb{N}}$ est une suite de l'espace $H_0^2(\omega)$ qui converge faiblement vers $v \in H_0^2(\omega)$, on sait que la suite $\big(B(v_n,v_n)\big)_{n\in\mathbb{N}}$ converge fortement vers $B(v,v)$ dans $H_0^2(\omega)$ (Lemme 2.2-4) ; une nouvelle application du Lemme 2.2-4 montre alors que la suite $\big(C(v_n)\big)_{n\in\mathbb{N}}$ converge fortement vers $C(v)$ dans l'espace $H_0^2(\omega)$. ∎

LEMME 2.2-6 : *Soit* $j : H_0^2(\omega) \to \mathbb{R}$ *la fonctionnelle définie par :*

$$j(v) = \frac{1}{4}((C(v),v)) = \frac{1}{4}\,\|B(v,v)\|^2. \tag{2.2-30}$$

Alors :

(i) $\forall v \in H_0^2(\omega) \setminus \{0\}, \; j(v) > 0 \; ; \; j(0) = 0.$

(ii) j *est "quartique", i.e.*

$$\forall \alpha \in \mathbb{R}, \quad \forall v \in H_0^2(\omega), \; j(\alpha v) = \alpha^4 j(v).$$

(iii) j *est indéfiniment dérivable dans* $H_0^2(\omega)$ *et l'opérateur* C (2.2-24) *est le gradient de* j *pour le produit scalaire* $((\cdot,\cdot))$ (2.2-19), *c'est-à-dire :*

(2.2-31) $$\forall v \in H_0^2(\omega), \quad \forall w \in H_0^2(\omega), \; j'(v)w = ((C(v),w))$$

(iv) j *est faiblement continue sur l'espace* $H_0^2(\omega)$.

Démonstration : Il faut d'abord vérifier que la définition (2.2-30) de la fonctionnelle j est cohérente : pour tout $v \in H_0^2(\omega)$, on déduit du Lemme 2.2-3 que :

$$((C(v),v)) = ((B(B(v,v),v),v)) = ((B(v,v),B(v,v))) = \|B(v,v)\|^2,$$

ce qui justifie (2.2-30). Il est alors évident que :

$$j(v) \geqslant 0,$$

pour tout $v \in H_0^2(\omega)$. Supposons que pour $v \in H_0^2(\omega)$ fixé, on ait :

$$j(v) = 0 \; ;$$

alors, $B(v,v) = 0$ (2.2-30) et donc :

$$0 = \Delta^2 B(v,v) = [v,v] \, .$$

Puisque $v \in H_0^2(\omega)$, le Corollaire 2.2-1 montre que $v = 0$, ce qui démontre (i).

Le point (ii) est trivial compte tenu du Lemme 2.2-5 (i). La dérivabilité de j découle immédiatement de celle de l'opérateur bilinéaire B (notons au passage que tous les opérateurs bilinéaires continus sont de classe $\mathcal{C}^\infty$!) et de celle du carré de la norme d'un espace de Hilbert. Pour achever de prouver le point (iii), il suffit d'établir la relation (2.2-31) : un simple calcul montre que la différence :

$$j(v+w) - j(v), \; v \in H_0^2(\omega), \; w \in H_0^2(\omega),$$

a pour partie principale :

$$((B(v,v),B(v,w))) = ((B(B(v,v),v),w)) = ((C(v),w)),$$

d'après le Lemme 2.2-3 (échange de w avec B(v,v)).

Enfin, si $(v_n)_{n\in\mathbb{N}}$ est une suite de l'espace $H_0^2(\omega)$ qui converge faiblement vers $v\in H_0^2(\omega)$, on a vu (Lemme 2.2-5)) que :

(2.2-32) $$\lim \|C(v_n) - C(v)\| = 0.$$

Puisque :

$$j(v_n) - j(v) = \frac{1}{4}((C(v_n) - C(v), v_n)) + \frac{1}{4}((C(v), v_n - v)),$$

et puisque les suites faiblement convergentes sont bornées, on déduit de l'inégalité de Cauchy-Schwarz et de (2.2-32) que :

$$\lim ((C(v_n) - C(v), v_n)) = 0,$$

donc que :

$$\lim (j(v_n) - j(v)) = 0,$$

d'après la définition de la convergence faible. ∎

Remarque 2.2-6 : Le point (iii) montre en particulier que l'opérateur C (2.2-24) est de classe $\mathscr{C}^\infty$ dans l'espace $H_0^2(\omega)$. Bien entendu, une preuve directe de cette propriété peut être établie. ∎

FORME CANONIQUE DES EQUATIONS DE VON KÁRMÁN ; RESULTAT D'EXISTENCE

Nous commencerons par un résultat préliminaire simple :

LEMME 2.2-7 : *Soit* $\theta_0 \in H^2(\omega)$ *fixé. L'opérateur :*

(2.2-33) $$\Lambda : H_0^2(\omega) \ni v \longrightarrow B(\theta_0, v) \in H_0^2(\omega),$$

est linéaire, continu, compact et autoadjoint (pour le produit scalaire $((\cdot,\cdot))$*)*

Démonstration : La linéarité est évidente. La continuité et la compacité se déduisent immédiatement des propriétés de l'opérateur B mises en évidence aux Lemmes 2.2-1 et 2.2-4.

Soit $(v,w) \in \{H_0^2(\omega)\}^2$. On a :

$$((\Lambda v,w)) = ((B(\theta_0,v),w)) = ((B(\theta_0,w),v)) = ((\Lambda w,v)) ,$$

d'après le Lemme 2.2-3, ce qui prouve que l'opérateur Λ est autoadjoint. ∎

Comme nous l'avons remarqué au début de ce paragraphe, l'existence de solutions des équations de von Kármán sous la forme (2.2-1)-(2.2-4) équivaut à l'existence de solutions de l'équation (2.2-16). Au moyen de l'opérateur C (2.2-24) et de l'opérateur Λ (2.2-33), *où* θ_0 *est la fonction déterminée par* (2.2-5)-(2.2-6), cette dernière prend la forme :

(2.2-34) $$(I-\Lambda)u + C(u) - F = 0,$$

que nous appellerons *forme canonique des équations de von Kármán*, et les propriétés intermédiaires que nous avons établies jusqu'ici vont nous permettre de prouver l'existence de solutions de l'équation (2.2-34). Auparavant, nous préciserons un dernier point dans le :

LEMME 2.2-8 : *Les solutions (éventuelles) de l'équation* (2.2-34) *sont des points critiques de la fonctionnelle* $J : H_0^2(\omega) \to \mathbb{R}$ *définie par :*

(2.2-35) $$J(v) = \frac{1}{2}(((I-\Lambda)v,v)) + j(v) - ((F,v)) ,$$

c'est-à-dire que :

(2.2-36) $$\{u \text{ solution de } (2.2\text{-}34)\} \iff \{J'(u) = 0\}.$$

Démonstration : C'est une conséquence triviale du fait que l'opérateur linéaire Λ est autoadjoint (Lemme 2.2-7) et du Lemme 2.2-6 (iii). ∎

Remarque 2.2-7 : Si $F = 0$ (i.e. $f = 0$), $u = 0$ est solution de l'équation (2.2-34), ce qui règle le problème de l'existence. ∎

THEOREME 2.2-1 : *L'équation* (2.2-34) *possède au moins une solution. Plus précisément, il existe au moins un élément* $u \in H_0^2(\omega)$ *tel que :*

(2.2-37) $$J(u) \leq J(v) \quad \forall v \in H_0^2(\omega),$$

où J *est la fonctionnelle* (2.2-35).

Démonstration : Nous allons montrer que la fonctionnelle J est faiblement séquentiellement s.c.i. et coercive sur l'espace $H_0^2(\omega)$. Comme :

$$J(v) = \frac{1}{2}\|v\|^2 - \frac{1}{2}((\Lambda v,v)) + j(v),$$

la faible semi-continuité inférieure séquentielle ne pose aucun problème : la fonctionnelle j est faiblement continue [Lemme 2.2-6 (iv)], ainsi que la forme quadratique :

$$v \in H_0^2(\omega) \rightarrow \frac{1}{2}((\Lambda v,v)) ,$$

puisque l'opérateur Λ est compact (Lemme 2.2-7) : la propriété découle du fait qu'elle est vraie pour la norme (propriété générale des normes hilbertiennes). La coercivité est plus délicate à établir : dans le cas contraire, il existe une suite $(v_n)_{n\in\mathbb{N}}$ de l'espace $H_0^2(\omega)$ et une constante $\alpha > 0$ telles que :

(2.2-38) $$\lim \|v_n\| = +\infty, \quad J(v_n) \leq \alpha \quad \forall n \in \mathbb{N}.$$

On peut bien entendu supposer que $v_n \neq 0$ pour tout $n \in \mathbb{N}$; nous poserons donc :

(2.2-39) $$w_n = \frac{v_n}{\|v_n\|},$$

de sorte que $\|w_n\| = 1$ pour tout $n \in \mathbb{N}$.

Par (2.2-35) et (2.2-38), on a, en divisant par $\|vn\|^2$:

(2.2-40) $$\frac{1}{2} - \frac{1}{2}((\Lambda w_n,w_n)) + \|v_n\|^2 j(w_n) \leq \frac{\alpha}{\|v_n\|^2} + \frac{((F,w_n))}{\|v_n\|},$$

pour tout $n \in \mathbb{N}$, où on a utilisé le Lemme 2.2-6 (ii) (homogénéité de j).

Quitte à extraire une sous-suite, on peut supposer que la suite (bornée) $(w_n)_{n\in\mathbb{N}}$ converge faiblement vers une limite $w \in H_0^2(\omega)$. Alors :

(2.2-41) $$\lim j(w_n) = j(w),$$

d'après le Lemme 2.2-6 (iv). Dans ces conditions, (2.2-40) ne peut avoir lieu que pour $j(w) = 0$. En effet, grâce à (2.2-38), le membre de droite de (2.2-40) tend vers 0 cependant que si $j(w)$ est non nul {donc > 0 d'après le Lemme 2.2-6 (i)} le membre de gauche de cette même inégalité tend vers $+\infty$ à cause de (2.2-41), ce qui est absurde.

En conséquence, $j(w) = 0$, et, par le Lemme 2.2-6 (i) :

(2.2-42) $$w = 0.$$

Mais alors, puisque (2.2-40) entraîne à fortiori (positivité de j) :

(2.2-43) $$\frac{1}{2} - \frac{1}{2}((\Lambda w_n, w_n)) \leq \frac{\alpha}{\|v_n\|^2} + \frac{((F, w_n))}{\|v_n\|},$$

pour tout $n \in \mathbb{N}$, la conclusion (2.2-42) conduit à une nouvelle contradiction puisque le membre de droite de (2.2-43) tend toujours vers 0 tandis que celui de gauche tend vers $\frac{1}{2}$ grâce à la compacité de l'opérateur linéaire Λ (Lemme 2.2-7) et à (2.2-42).

Nous avons ainsi prouvé que la relation (2.2-38) ne peut avoir lieu, soit, ce qui revient au même, que :

$$\lim_{\|v\| \to +\infty} J(v) = +\infty,$$

c'est-à-dire la coercivité de la fonctionnelle J (2.2-35) : l'existence d'un minimum est alors une conclusion classique (J. CEA [1971]). ■

RESULTATS DE REGULARITE

THEOREME 2.2-2 : *Toute solution* $(u,\psi) \in \{H_0^2(\omega)\}^2$ *des équations* (2.2-8)-(2.2-9) *possède la régularité :*

(2.2-44) $$(u,\psi) \in \{H_0^2(\omega) \cap H^4(\omega)\} \times \{H_0^2(\omega) \cap W^{4,q}(\omega)\},$$

pour tout $q \geq 1$.

Démonstration : Puisque $f \in L^2(\omega)$, $\theta_0 \in H^2(\omega)$ $\{$et même $H^3(\omega)$ mais c'est ici sans importance$\}$ et $\psi \in H_0^2(\omega)$ par hypothèse, on a $\{$cf. 2.2-8)$\}$:

$$u \in H_0^2(\omega), \ \Delta^2 u \in L^1(\omega).$$

On a déjà vu que $L^1(\omega) \hookrightarrow H^{-2}(\omega)$ $\{$cf. (2.1-12)$\}$ mais ce résultat peut être amélioré. En effet, grâce à l'inclusion :

$$H^{1+\varepsilon}(\omega) \hookrightarrow \mathscr{C}^0(\overline{\omega}) \quad \forall \varepsilon > 0,$$

le même raisonnement que celui qui nous a permis de prouver (2.1-12) conduit à l'inclusion

$$L^1(\omega) \subset H^{-1-\varepsilon}(\omega) \quad \forall \varepsilon > 0,$$

où $H^{-1-\varepsilon}(\omega)$ est le dual de l'espace $H_0^{1+\varepsilon}(\omega)$, adhérence de $\mathscr{D}(\omega)$ dans l'espace $H^{1+\varepsilon}(\omega)$. Les conditions :

$$u \in H_0^2(\omega), \; \Delta^2 u \in H^{-1-\varepsilon}(\omega),$$

entraînent (cf. LIONS-MAGENES [1958] Vol. 1) (sauf pour des valeurs exceptionnelles de ε qui ne sont pas à prendre en compte ici puisque ε est choisi arbitrairement petit) :

$$u \in H_0^2(\omega) \cap H^{3-\varepsilon}(\omega).$$

Dans ces conditions, il est clair que $\partial_{\alpha\beta} u \in H^{1-\varepsilon}(\omega)$ et on montre que (ADAMS [1975], résultat de J. PEETRE) pour ε assez petit :

$$H^{1-\varepsilon}(\omega) \hookrightarrow L^{2/\varepsilon}(w), \tag{2.2-45}$$

Un choix convenable de ε entraîne :

$$[u,u] \in L^q(\omega) \quad \forall q \geq 1.$$

L'équation (2.2-9) fournit alors :

$$\psi \in H_0^2(\omega), \; \Delta^2 \psi \in L^q(\omega) \quad \forall q \geq 1, \tag{2.2-46}$$

ce qui entraîne (cf. LIONS-MAGENES [1968], vol. 1, pour $q = 2$ et l'article de AGMON-DOUGLIS-NIRENBERG [1959] pour $q \geq 1$ quelconque) :

$$\psi \in H_0^2(\omega) \cap W^{4,q}(\omega) \quad \forall q \geq 1. \tag{2.2-47}$$

En particulier, ceci entraîne :

$$[\psi, u] \in L^2(\omega), \tag{2.2-48}$$

et puisque $\theta_0 \in L^2(\omega)$, on déduit de (2.2-45) que :

$$[\theta_0, u] \in L^r(\omega) \quad \forall 1 \leq r < 2.$$

L'équation (2.2-8) montre donc que :

$$u \in H_0^2(\omega), \; \Delta^2 u \in L^r(\omega) \quad \forall 1 \leq r < 2,$$

équation analogue à (2.2-46), qui donne, pour les mêmes raisons :

$$u \in H_0^2(\omega) \cap W^{4,r}(\omega) \quad \forall 1 \leq r < 2.$$

De l'inclusion :

$$W^{2,r}(\omega) \hookrightarrow \mathcal{C}^0(\overline{\omega}),$$

pour $r > 1$, on conclut que :

$$[\theta_0, u] \in L^2(\omega),$$

et la relation (2.2-48) montre que dans l'équation (2.2-8), on a :

$$u \in H_0^2(\omega), \ \Delta^2 u \in L^2(\omega),$$

donc $u \in H_0^2(\omega) \cap H^4(\omega)$. Cette conclusion, jointe à (2.2-47) achève de prouver notre assertion. ■

Remarque 2.2-7 : Dans le Théorème 2.2-2, la régularité du couple (u,ψ) est limitée par celle de $f\left(\in L^2(\omega)\right)$ et celle de θ_0 (par l'intermédiaire des fonctions φ_0 et φ_1). Il est clair qu'en itérant le procédé du théorème 2.2-2, on obtient, en supposant une régularité suffisante des fonctions f, φ_0 et φ_1, une régularité arbitraire pour le couple (u,ψ). ■

COROLLAIRE 2.2-3 : *Toute solution* $(u,\phi) \in H_0^2(\omega) \times H^2(\omega)$ *des équations de von Kármán* (2.2-1)-(2.2-4) *possède la régularité :*

$$(u,\phi) \in \left(H_0^2(\omega) \cap H^4(\omega)\right) \times H^3(\omega).$$

Démonstration : C'est une conséquence immédiate du Théorème 2.2-2 compte tenu de (2.2-7) et de la régularité :

$$\theta_0 \in H^3(\omega),$$

de la solution du problème (2.2-5)-(2.2-6). ■

Remarque 2.2-8 : La démonstration du Théorème 2.2-2 est dûe à LIONS [1969], p. 56. ■

2.3. INTRODUCTION D'UN PARAMÈTRE ; CAS D'UNICITÉ DE LA SOLUTION ; DÉGÉNÉRESCENCE EN UN PROBLÈME DE MEMBRANE

INTRODUCTION D'UN PARAMETRE λ

Pour bien comprendre le point de vue que nous allons dorénavant adopter, revenons brièvement à la formulation tridimensionnelle du problème, c'est-à-dire au Chapitre 1, paragraphe 3 et plus précisément aux équations (1.3-10)-(1.3-14). L'équation (1.3-13) :

$$\frac{1}{2\varepsilon}\int_{-\varepsilon}^{\varepsilon}(\sigma_{\alpha\beta}+\sigma_{k\beta}\partial_k u_\alpha)\nu_\beta = h_\alpha^\varepsilon \text{ sur } \gamma, \tag{2.3-1}$$

traduit l'égalité de l'action et de la réaction dans la position d'équilibre de la plaque déformée, c'est-à-dire que $h_\alpha^\varepsilon = h_\alpha^\varepsilon(x_1,x_2)$ représente une force (moyenne sur l'épaisseur de la plaque) exercée *dans la configuration déformée* et exprimée en fonction des variables (x_1,x_2) de la *configuration initiale* (non déformée). Puisque h_α^ε est considéré comme une donnée du problème, ceci signifie que nous devons connaître la force exercée après déformation. Puisque la force exercée *avant* déformation est en principe connue, l'hypothèse la plus naturelle est de considérer que la force exercée après déformation est *égale* à la force exercée avant déformation, ce qui revient à supposer que *pendant la déformation*, la force *reste constante* en sens et en direction : c'est l'hypothèse classique des forces mortes.

Le cas que nous considérons ici est celui où, avant déformation, la force (moyenne latérale) est *colinéaire à la normale* le long de γ, i.e. dans l'état non déformé, *et d'intensité constante*. En vertu de ce qui précède, on doit remarquer que dans la position déformée, la force en question n'a aucune raison d'être colinéaire à la normale. Ces considérations et la formule (1.3-27) liant les forces h_α^ε et h_α nous conduisent donc à poser :

$$h_\alpha(x) = -\lambda\nu_\alpha(x), \tag{2.3-2}$$

où $\lambda\in\mathbb{R}$ mesure l'intensité de la force et $\nu = (\nu_\alpha)$ est le vecteur normal extérieur à $\gamma = \partial\omega$ au point $x\in\gamma$.

Examinons tout de suite l'influence de l'hypothèse (2.3-2) sur les valeurs au bord de la fonction d'Airy ϕ. Nous savons [équation (2.2-4) ou (1.5-49)] que :

$$\phi = \varphi_0 \text{ sur } \gamma,$$

$$\partial_\nu \phi = \varphi_1 \text{ sur } \gamma,$$

où φ_0 et φ_1 sont obtenues en fonction de h_1 et h_2 par les formules (1.5-2)-(1.5-3) respectivement. Un calcul simple (grâce aux relations $\tau_1(y) = -\nu_2(y)$, $\tau_2(y) = \nu_1(y)$ entre les vecteurs unitaires tangent et normal extérieur) montre qu'ici, on a :

$$\varphi_0(y) = -\frac{\lambda}{2}(y_1^2 + y_2^2) \text{ sur } \gamma,$$

$$\varphi_1(y) = -\frac{\lambda}{2}\, \partial_\nu (y_1^2 + y_2^2) \text{ sur } \gamma,$$

et les valeurs au bord de la fonction d'Airy ϕ sont donc :

(2.3-3) $$\phi(y) = -\frac{\lambda}{2}(y_1^2 + y_2^2) \text{ sur } \gamma,$$

(2.3-4) $$\partial_\nu \phi(y) = -\frac{\lambda}{2}\partial_\nu (y_1^2 + y_2^2) \text{ sur } \gamma.$$

En conséquence, on vérifie immédiatement que la fonction θ_0 déterminée par les équations (2.2-5)-(2.2-6) est ici :

(2.3-5) $$\theta_0(x_1,x_2) = -\frac{\lambda}{2}(x_1^2 + x_2^2),$$

et l'opérateur linéaire Λ (2.2-33) s'écrit :

(2.3-6) $$\Lambda = \lambda L,$$

où $L \in \mathcal{L}(H_0^2(\omega))$ est l'opérateur linéaire défini par :

(2.3-7) $$\forall v \in H_0^2(\omega), \begin{cases} Lv \in H_0^2(\omega), \\ \Delta^2 Lv = -\Delta v. \end{cases}$$

LEMME 2.3-1 : *L'opérateur* L (2.3-7) *est linéaire continu, compact, autoadjoint et défini positif dans l'espace* $H_0^2(\omega)$ (*au sens du produit scalaire* $((\cdot,\cdot))$ (2.2-19)).

Démonstration : La relation (2.3-6) et le Lemme 2.2-7 prouvent toutes les propriétés de L sauf la dernière ; pour $v \in H_0^2(\omega)$, examinons le produit scalaire :

$$((Lv,v)) = \int_\omega \Delta(Lv)\Delta v = \int_\omega (\Delta^2 Lv)v = -\int_\omega (\Delta v)v,$$

par (2.3-7) et donc :

$$((Lv,v)) = -\int_\omega (\Delta v)v = \int_\omega \nabla v\, \nabla v = |v|_{1,\omega}^2,$$

quantité positive pour tout $v \in H_0^2(\omega)$ non nul. ■

CAS D'UNICITE, ET DE MULTIPLICITE, DE LA SOLUTION

L'équation (2.2-34) s'écrit donc [dans l'espace $H_0^2(\omega)$]

(2.3-8) $$u - \lambda Lu + C(u) = F,$$

[avec $F \in H_0^2(\omega)$], l'opérateur L étant défini positif d'après le Lemme 2.3-1. Nous allons étudier *l'unicité*, ou *la multiplicité*, des solutions de l'équation (2.3-8), en fonction du paramètre λ.

La décomposition spectrale des opérateurs autoadjoints (ici définis positifs) nous permet de conclure qu'il existe une suite de valeurs propres strictement positives strictement décroissante (chacune étant comptée avec sa multiplicité) :

$$\mu_1 > \mu_2 > \dots ,$$

telle que :

(2.3-9) $$\lim \mu_i = 0.$$

De plus, la plus grande valeur propre μ_1 est obtenue par :

(2.3-10) $$\mu_1 = \|L\| = \sup_{\begin{cases} v \in H_0^2(\omega) \\ v \neq 0 \end{cases}} \frac{((Lv,v))}{\|v\|^2},$$

où $\|L\|$ désigne la norme d'opérateur relative au produit scalaire $((\cdot,\cdot))$.

Il est commode d'introduire les *valeurs caractéristiques* de l'opérateur L, définies par :

(2.3-11) $$\lambda_i = \frac{1}{\mu_i} \quad i = 1,2, \dots$$

(inverses des valeurs propres). En particulier, de (2.3-10), on tire :

(2.3-12) $$\lambda_1 = \frac{1}{\mu_1} = \inf_{\begin{cases} v \in H_0^2(\omega) \\ v \neq 0 \end{cases}} \frac{\|v\|^2}{((Lv,v))} < \lambda_2 < \dots$$

et on a ((2.3-9)) :

(2.3-13) $$\lim \lambda_i = +\infty.$$

On peut déjà intuitivement prévoir (sur les figures ci-après) la différence de comportement entre $\lambda > 0$ et $\lambda < 0$:

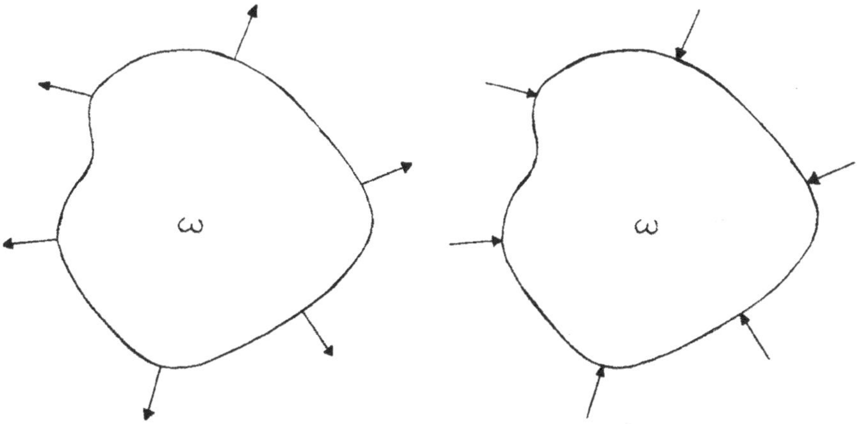

$\lambda < 0$: Traction uniforme $\qquad$ $\lambda > 0$: Compression uniforme

fig. 2.3-1

THEOREME 2.3-1 :

(i) *Supposons* $F = 0$. *Alors,* 0 *est la seule solution du problème pour* $\lambda \leqslant \lambda_1$. *Pour* $\lambda > \lambda_1$ *, il existe toujours au moins trois solutions* $(0,u,-u)$, $u \neq 0$.

(ii) *Pour* $F \neq 0$, *il existe* $\lambda^* = \lambda^*(\|F\|) < \lambda_1$ *tel que pour* $\lambda < \lambda^*$, *le problème possède une solution unique.*

Démonstration :

(i) La condition $C(0) = 0$ permet de conclure que 0 est solution de l'équation (2.3-8) pour tout $\lambda \in \mathbb{R}$. Si $\lambda \leqslant \lambda_1$, et si $u \in H_0^2(\omega)$ est solution du problème, on obtient, en faisant le produit scalaire par u dans (2.3-8) :

$$\|u\|^2 - \lambda((Lu,u)) + ((C(u),u)) = 0,$$

soit :

$$\|u\|^2 - \lambda_1((Lu,u)) + (\lambda_1 - \lambda)((Lu,u)) + ((C(u),u)) = 0. \tag{2.3-14}$$

Grâce à (2.3-12) et à la condition $\lambda \leqslant \lambda_1$, on déduit du Lemme 2.3-1 que les quantités:

$$\|u\|^2 - \lambda_1((Lu,u)) \quad \text{et} \quad (\lambda_1 - \lambda)((Lu,u)) ,$$

sont positives. La propriété (2.2-30) montre alors que (2.3-14) ne peut avoir lieu que si :

$$\|u\|^2 - \lambda_1((Lu,u)) - (\lambda_1-\lambda)((Lu,u)) = ((C(u),u)) = 0 .$$

En particulier, la dernière égalité et le Lemme 2.2-6 (i) entraînent $u=0$ qui est donc la seule solution du problème.

Supposons maintenant $\lambda>\lambda_1$ (et $F=0$). On a vu au Théorème 2.2-1 que la fonctionnelle J (2.2-35) qui s'écrit ici :

(2.3-15)
$$J(v) = \frac{1}{2}\|v\|^2 - \frac{\lambda}{2}((Lv,v)) + \frac{1}{4}((C(v),v)) ,$$

atteint un minimum absolu sur l'espace $H_0^2(\omega)$ qui fournit une solution u de l'équation (2.3-8) :

(2.3-16)
$$J(u) = \inf_{v\in H_0^2(\omega)} J(v).$$

Puisqu'il est évident que $J(0) = 0$, nous prouverons que la solution u obtenue en (2.3-16) n'est pas la solution triviale en prouvant que J prend des valeurs strictement négatives. Pour cela, fixons ϕ_1 dans l'espace propre correspondant à la première valeur caractéristique λ_1 tel que $\|\phi_1\| = 1$: par définition, on a :

(2.3-17)
$$\phi_1 = \lambda_1 L\phi_1, \quad \|\phi_1\| = 1$$

et, pour $t\in\mathbb{R}$, calculons $J(t\phi_1)$. Grâce à (2.3-15) et (2.3-17) :

$$J(t\phi_1) = \frac{t^2}{2}\left(1 - \frac{\lambda}{\lambda_1}\right) + \frac{t^4}{4}((C(\phi_1),\phi_1)) ,$$

par l'homogénéité de C. La condition $\lambda>\lambda_1$ entraîne immédiatement que pour $t>0$ assez petit :

$$J(t\phi_1)<0,$$

ce qui prouve notre assertion. On conclut en remarquant que si $u\neq 0$ est solution de l'équation (2.3-8) avec $F=0$, alors $-u$ est aussi solution (imparité de l'opérateur C).

(ii) Soit $u\in H_0^2(\omega)$ solution de l'équation (2.3-8) (avec $F\in H_0^2(\omega)$ quelconque). On a :

(2.3-18)
$$\|u\|^2 - \lambda((Lu,u)) + ((C(u),u)) = ((F,u)) .$$

Pour $\lambda<\lambda_1$, l'opérateur $(I-\lambda L)$ est coercif. Plus précisément :

$$0<\left(1-\frac{\lambda}{\lambda_1}\right)\|u\|^2 \leq \|u\|^2 - \lambda((Lu,u)) ,$$

d'après (2.3-12). Par (2.3-18) et le Lemme 2.2-6 (i) :

$$\left(1-\frac{\lambda}{\lambda_1}\right) \|u\|^2 \leq \|F\| \|u\| ,$$

soit :

(2.3-19) $$\|u\| \leq \frac{\lambda_1}{\lambda_1-\lambda}\|F\| .$$

Si u_1 et u_2 sont deux solutions de l'équation (2.3-8) (avec $\lambda<\lambda_1$ fixé), on a:

$$(I-\lambda L)(u_1-u_2) = C(u_2)-C(u_1).$$

En effectuant le produit scalaire avec u_1-u_2 et utilisant la coercivité de l'opérateur $I-\lambda L$ pour $\lambda<\lambda_1$, on obtient :

$$\left(1-\frac{\lambda}{\lambda_1}\right) \|u_1-u_2\|^2 \leq ((C(u_2)-C(u_1),u_1-u_2)) .$$

Le Lemme 2.2-5 fournit une majoration du second membre, à savoir :

$$\left(1-\frac{\lambda}{\lambda_1}\right) \|u_1-u_2\|^2 \leq \|B\|^2 \operatorname{Max}\{\|u_1\|^2,\|u_2\|^2\} \|u_2-u_1\|^2.$$

L'inégalité (2.3-19) étant valable pour u_1 et u_2, on obtient :

$$\|u_1-u_2\|^2 \leq \|B\|^2 \left(\frac{\lambda_1}{\lambda_1-\lambda}\right)^3 \|F\|^2\|u_1-u_2\|^2 ,$$

inégalité qui ne peut avoir lieu dès que :

$$\lambda<\lambda_1\left(1-\|B\|^{\frac{2}{3}} \|F\|^{\frac{2}{3}}\right),$$

que pour $u_1 = u_2$. On peut donc prendre :

(2.3-20) $$\lambda^*(\|F\|) = \lambda_1\left(1-\|B\|^{\frac{2}{3}} \|F\|^{\frac{2}{3}}\right).$$ ■

Remarque 2.3-1 : Il est clair sur (2.3-20) que :

$$\lim_{\|F\|\to 0} \lambda^*(\|F\|) = \lambda_1,$$

ce qui est en accord avec la première partie du théorème. ■

Exercice : A l'aide du théorème des fonctions implicites, montrer que l'application qui à $\lambda\in]-\infty, \lambda^*(F)[$ associe la solution unique u_λ de l'équation (2.3-8) est de classe $\mathscr{C}^\infty$. ■

DEGENERESCENCE EN UN PROBLEME DE MEMBRANE

Nous allons ici nous intéresser au comportement des solutions de l'équation (2.3-8) lorsque le paramètre λ tend vers $-\infty$. Grâce au théorème précédent, nous pouvons supposer que les valeurs du paramètre λ considérées sont <0 et telles que l'équation (2.3-8) admette une solution unique $\{$i.e. $\lambda<\lambda^*(\|F\|)\}$ notée u_λ.

Nous allons établir de nouvelles majorations à priori sur la solution u_λ lorsque $F\in H_0^2(\omega)\cap H^4(\omega)$, soit, de façon équivalente, lorsque :

(2.3-21) $$f = \Delta^2 F\in L^2(\omega).$$

LEMME 2.3-2 : *Il existe une constante* $C\{=C(\omega)\}$ *telle que pour tout* $\lambda<\mathrm{Min}\{0,\lambda^*(\|F\|)\}$, *on ait :*

(2.3-22) $$|u_\lambda|_{1,\omega}\leq\frac{C}{-\lambda}\,|f|_{0,\omega},$$

(2.3-23) $$\|u_\lambda\|\leq\frac{C}{\sqrt{-\lambda}}\,|f|_{0,\omega}.$$

Démonstration : Il sera particulièrement commode ici d'employer l'équation (2.3-8) sous la forme antérieure (2.2-14), la fonction θ_0 étant ici donnée par (2.3-5). Dans ces conditions, u_λ est solution de l'équation :

(2.3-24) $$\Delta^2 u_\lambda = -[B(u_\lambda,u_\lambda),u_\lambda]-\lambda\,\Delta u_\lambda + f,$$

et par conséquent, pour tout $v\in H_0^2(\omega)$, on a :

$$\int_\omega \Delta u_\lambda\,\Delta v = -\int_\omega [B(u_\lambda,u_\lambda),u_\lambda]\,v-\lambda\int_\omega \Delta u_\lambda v+\int_\omega f\,v\,.$$

Or $\{$cf. (2.2-13) et le Lemme 2.2-3$\}$:

(2.3-25) $$\int_\omega [B(u_\lambda,u_\lambda),u_\lambda]\,v = ((B\{B(u_\lambda,u_\lambda),u_\lambda\},v)) = ((B(u_\lambda,u_\lambda),\ B(u_\lambda,v))).$$

Par définition du produit scalaire $((\cdot,\cdot))$ (2.2-19), (2.3-24) s'écrit :

$$((u_\lambda,v)) = -((B(u_\lambda,u_\lambda),B(u_\lambda,v)))-\lambda\int_\omega \Delta u_\lambda v+\int_\omega f\,v\,,$$

et, puisque :

$$\int_\omega \Delta u_\lambda v = -\int_\omega \nabla u_\lambda\,\nabla v,$$

on a finalement :

$$((u_\lambda,v)) = -((B(u_\lambda,u_\lambda),B(u_\lambda,v))) + \lambda\int_\omega \nabla u_\lambda \nabla v + \int_\omega f\, v, \tag{2.3-26}$$

pour tout $v \in H_0^2(\omega)$. En particulier, pour $v = u_\lambda$, on aboutit à :

$$\|u_\lambda\|^2 = -\|B(u_\lambda,u_\lambda)\|^2 + \lambda|u_\lambda|_{1,\omega}^2 + \int_\omega f\, u_\lambda, \tag{2.3-27}$$

soit encore :

$$\|u_\lambda\|^2 - \lambda|u_\lambda|_{1,\omega}^2 = -\|B(u_\lambda,u_\lambda)\|^2 + \int_\omega f\, u_\lambda .$$

On en déduit :

$$\|u_\lambda\|^2 - \lambda|u_\lambda|_{1,\omega}^2 \leq |f|_{0,\omega}|u_\lambda|_{0,\omega} \leq C|f|_{0,\omega}|u_\lambda|_{1,\omega} ,$$

où C est une constante qui ne dépend que de l'ouvert ω. Les termes $\|u_\lambda\|^2$ et $-\lambda|u_\lambda|_{1,\omega}^2$ du membre de gauche étant positifs $(\lambda < 0)$, chacun d'eux vérifie à fortiori l'inégalité précédente, soit :

$$\|u_\lambda\|^2 \leq C|f|_{0,\omega}|u_\lambda|_{1,\omega}, \tag{2.3-28}$$

$$-\lambda|u_\lambda|_{1,\omega}^2 \leq C|f|_{0,\omega}|u_\lambda|_{1,\omega}.$$

Mais la dernière inégalité n'est autre que (2.3-22) qui, par report dans (2.3-28) fournit (2.3-23). ■

Montrons alors que la fonction $(-\lambda u_\lambda)$ tend, lorsque λ tend vers $-\infty$, vers la solution d'un problème "modèle" bien connu, à savoir, le *problème de la membrane* ; cf. (2.3-29).

THEOREME 2.3-2 : *Soit* $u \in H_0^1(\omega)$ *solution de :*

$$-\Delta u = f. \tag{2.3-29}$$

Alors :

$$\lim_{\lambda \to -\infty} \|-\lambda u_\lambda - u\|_{1,\omega} = 0. \tag{2.3-20}$$

Démonstration : L'inégalité (2.3-23) montre que :

$$\lim_{\lambda \to -\infty} \|u_\lambda\| = 0. \tag{2.3-31}$$

Pour $v \in H_0^2(\omega)$, on déduit alors de (2.3-26) que :

(2.3-32) $$\lim_{\lambda \to -\infty} -\lambda \int_\omega \nabla u_\lambda \nabla v = \int_\omega f\, v = \int_\omega \nabla u \nabla v,$$

par définition (2.3-29) de u. Par densité de $H_0^2(\omega)$ dans $H_0^1(\omega)$, on déduit que (2.3-32) a lieu pour tout $v \in H_0^1(\omega)$, ce qui signifie que $-\lambda u_\lambda$ converge faiblement vers u dans $H_0^1(\omega)$.

Pour prouver la convergence forte dans $H_0^1(\omega)$, il suffit de prouver la convergence des normes. Par le Théorème de Rellich, on a déjà :

(2.3-33) $$\lim_{\lambda \to -\infty} |-\lambda u_\lambda - u|_{0,\omega} = 0.$$

Par ailleurs, (2.3-27) montre que :

$$\lambda |u_\lambda|_{1,\omega}^2 + \int_\omega f u_\lambda \geqslant 0,$$

soit :

$$-\lambda |u_\lambda|_{1,\omega}^2 \leqslant \int_\omega f u_\lambda .$$

En multipliant par $-\lambda > 0$ cette inégalité, il vient :

(2.3-34) $$|\lambda u_\lambda|_{1,\omega}^2 \leqslant \int_\omega f(-\lambda u_\lambda).$$

De (2.3-34), on déduit que :

$$\limsup_{\lambda \to -\infty} |\lambda u_\lambda|_{1,\omega}^2 \leqslant \limsup_{\lambda \to -\infty} \int_\omega f(-\lambda u_\lambda),$$

et par (2.3-33) :

$$\limsup_{\lambda \to -\infty} \int_\omega f(-\lambda u_\lambda) = \lim_{\lambda \to -\infty} \int_\omega f(-\lambda u_\lambda) = \int_\omega f\, u,$$

donc :

(2.3-35) $$\limsup_{\lambda \to -\infty} |\lambda u_\lambda|_{1,\omega}^2 \leqslant \int_\omega f\, u.$$

Par ailleurs, la faible semi-continuité inférieure de la norme d'un espace de Hilbert (ici $H_0^1(\omega)$) montre que :

$$|u|_{1,\omega}^2 \leqslant \liminf_{\lambda \to -\infty} |-\lambda u_\lambda|_{1,\omega}^2 ,$$

et, par définition (2.3-29) de u, on a :

(2.3-36) $$|u|_{1,\omega}^2 = \int_\omega f\, u,$$

donc :

$$\int_\omega f\,u \leqslant \liminf_{\lambda \to -\infty} |-\lambda u_\lambda|^2_{1,\omega} . \tag{2.3-37}$$

En comparant (2.3-35) et (2.3-36), on voit que :

$$\liminf_{\lambda \to -\infty} |\lambda u_\lambda|^2_{1,\omega} = \limsup_{\lambda \to -\infty} |\lambda u_\lambda|^2_{1,\omega} = \int_\omega f\,u = |u|^2_{1,\omega} ,$$

d'après (2.3-36) et donc $\lim\limits_{\lambda \to -\infty} |\lambda u_\lambda|_{1,\omega}$ existe et vaut :

$$\lim_{\lambda \to -\infty} |\lambda u_\lambda|^2_{1,\omega} = |u|^2_{1,\omega} ,$$

ce qui achève la démonstration. ■

2.4. INTRODUCTION À LA BIFURCATION ; QUELQUES RÉSULTATS GÉNÉRAUX

Nous commencerons par préciser le vocabulaire en définissant le *flambage* ("buckling" en anglais) d'une plaque soumise à des forces de compression comme étant un *changement "rapide" (sans* discontinuité) ou *"brusque" (avec* discontinuité) de sa géométrie. Cette "définition" traduit des constatations expérimentales qui, schématiquement, sont les suivantes : on observe qu'une plaque soumise à des forces de compression uniformément réparties sur sa surface latérale et parallèles à la surface moyenne de la plaque ne modifient pas (ou de façon imperceptible) la géométrie de celle-ci tant que leur intensité n'atteint pas un certain seuil critique. Lors du dépassement de ce seuil, on observe de façon très nette une déflexion de la plaque par rapport à son plan moyen.

Du point de vue mathématique, l'étude de ces phénomènes entre dans la catégorie des *problèmes de bifurcation* que nous allons définir maintenant.

Soit V un espace vectoriel normé et :

$$\mathcal{F} : \mathbb{R} \times V \to V, \tag{2.4-1}$$

une application continue. On suppose *connue* une courbe de solutions de l'équation :

$$\mathcal{F}(\lambda,u) = 0, \tag{2.4-2}$$

c'est-à-dire un intervalle $I \subset \mathbb{R}$ et deux applications continues :

$$(2.4\text{-}3) \qquad \begin{cases} \lambda : I \rightarrow \mathbb{R}, \\ u : I \rightarrow V, \end{cases}$$

telles que :

$$(2.4\text{-}4) \qquad \forall \varepsilon \in I, \quad \mathcal{F}\big(\lambda(\varepsilon), u(\varepsilon)\big) = 0.$$

On dira que le point $\big(\lambda(\varepsilon_0), u(\varepsilon_0)\big)$ $(\varepsilon_0 \in I)$ est un *point de bifurcation* de l'équation (2.4-2) *relativement à la courbe de solutions* $\big(\lambda(\varepsilon), u(\varepsilon)\big)$ (2.4-3), si tout voisinage de ce point contient au moins une *autre* solution de l'équation (2.4-2) (i.e. une solution qui ne soit pas de la forme (2.4-4)).

On emploie aussi la définition (plus restrictive) $\big(\lambda(\varepsilon_0), u(\varepsilon_0)\big)$ $(\varepsilon_0 \in I)$ est un *point de bifurcation* de l'équation (2.4-2) relativement à la courbe de solutions $\big(\lambda(\varepsilon), u(\varepsilon)\big)$ (2.4-3) s'il existe une *autre* courbe de solutions de l'équation (2.4-2) qui passe par le point $\big(\lambda(\varepsilon_0), u(\varepsilon_0)\big)$.

Remarque 2.4-1. Il arrive presque toujours (mais ce n'est pas le cas le plus intéressant !) que la courbe de solutions que l'on connaît soit la "branche triviale" :

$$(2.4\text{-}5) \qquad \lambda \in \mathbb{R}, \quad u = 0 \in V,$$

et c'est d'ailleurs le cas que nous étudierons. ■

Remarque 2.4-2 : De façon plus générale, on peut (et on doit dans certains problèmes) considérer le cas où la variable λ est non pas un nombre réel mais un élément de $\mathbb{R}^p$, ou même, un élément d'un espace topologique. D'autre part, les problèmes de bifurcation reviennent en fait à la détermination du *nombre de solutions* des équations non-linéaires et l'introduction du paramètre λ est surtout un *outil* commode dans cette étude. ■

Supposons dorénavant que V est un espace de Banach et que l'application (2.4-1) est de classe $\mathcal{C}^p$ $(p \geq 1)$. Si :

$$\frac{\partial \mathcal{F}}{\partial u}(\lambda_0, u_0) \in \mathrm{Isom}(V),$$

où $\frac{\partial}{\partial u}$ désigne la dérivée de Fréchet de $\mathcal{F}$ par rapport à la seconde variable, on conclut du théorème des fonctions implicites que les solutions de l'équation (2.4-2) au voisinage de (λ_0,u_0) sont décrites par une courbe unique (de classe $\mathscr{C}^p$) : de ce fait, le point $(\lambda_0,u_0)\in\mathbb{R}\times V$ ne peut être un point de bifurcation pour l'équation (2.4-2) que si :

(2.4-6) $$\frac{\partial\mathscr{F}}{\partial u}(\lambda_0,u_0)\notin \mathrm{Isom}(V).$$

Si nous nous intéressons à la bifurcation *à partir de la branche triviale* (cf. Remarque 2.4-1), on peut donner une condition nécessaire d'existence d'un point de bifurcation pour des équations posées sous une forme qui contient la forme canonique des équations de von Kármán lorsque $F=0$.

THEOREME 2.4-1 : *Soit* V *un espace de Banach. Supposons que l'application* (2.4-1) *soit de la forme :*

(2.4-7) $$\mathscr{F}(\lambda,u) = u-\lambda Lu+C(\lambda,u),$$

où $L\in\mathscr{L}(V)$ *est un opérateur linéaire compact et où l'application*

(2.4-8) $$C:\mathbb{R}\times V\longrightarrow V,$$

vérifie :

(2.4-9) $$C(\lambda,0) = 0 \quad \forall\lambda\in\mathbb{R},$$

(2.4-10) $$\|C(\lambda,u)\|_V = o(\|u\|_V),$$

uniformément par rapport à λ *dans les intervalles bornés de* $\mathbb{R}$.

Alors $(\lambda_0,0)$ *est un point de bifurcation de la branche triviale* $\{(\lambda,0),\ \lambda\in\mathbb{R}\}$ *de solutions de l'équation* (2.4-2) *seulement si* λ_0 *est une valeur caractéristique de* L :

(2.4-11) $$\exists v\in V-\{0\}\ ,\ v-\lambda_0 Lv = 0$$

Démonstration : Il est immédiat, d'après (2.4-7) et (2.4-9) que $(\lambda,0)$ est solution de l'équation (2.4-2) pour tout $\lambda\in\mathbb{R}$; il est donc loisible d'étudier la bifurcation par rapport à la branche triviale.

Supposons que λ_0 ne soit pas une valeur caractéristique de L (i.e. : $\frac{1}{\lambda_0}$ n'est pas une valeur propre de L). La théorie spectrale des opérateurs compacts nous apprend que :

$$I - \lambda_0 L \in \mathrm{Isom}(V).$$

et (cf. CARTAN [1967]) l'ensemble des isomorphismes d'un espace de Banach est ouvert. On en conclut qu'il existe $\varepsilon > 0$ tel que pour tout $\lambda \in [\lambda_0 - \varepsilon, \lambda_0 + \varepsilon]$, on a :

$$\text{(2.4-12)} \qquad \begin{cases} I - \lambda L \in \mathrm{Isom}(V), \\ \|(I-\lambda L)^{-1}\|_{\mathcal{L}(V)} \leq M, \end{cases}$$

où $M > 0$ est une constante indépendante de λ dans $[\lambda_0 - \varepsilon, \lambda_0 + \varepsilon] = I$. Dans ces conditions, l'équation :

$$\mathscr{F}(\lambda, u) = 0,$$

pour $\lambda \in I$, revient à écrire :

$$u = -(I - \lambda L)^{-1} C(\lambda, u),$$

d'où l'on tire par (2.4-11) :

$$\|u\|_V \leq M \|C(\lambda, u)\|_V = o(\|u\|_V),$$

uniformément par rapport à $\lambda \in I$ d'après (2.4-10), ce qui est absurde pour $u \neq 0$.

Nous avons donc prouvé qu'il existe un voisinage de λ_0 dans $\mathbb{R}$ et un voisinage de 0 dans V dans lequel l'équation $\mathscr{F}(\lambda, u) = 0$ n'a pour solutions que les couples de la forme $(\lambda, 0)$, ce qui montre que $(\lambda_0, 0)$ n'est pas point de bifurcation pour l'équation (2.4-2). ■

Remarque 2.4-3 : Avec la forme particulière (2.4-7) de l'application $\mathscr{F}$, le théorème précédent est plus général que la relation (2.4-6) puisqu'on n'a pas formulé d'hypothèse de régularité sur l'application C. Cependant, il découle de (2.4-10) que pour tout $\lambda \in \mathbb{R}$, la dérivée $\frac{\partial \mathscr{F}}{\partial u}(\lambda, 0)$ existe et vaut :

$$\frac{\partial \mathscr{F}}{\partial u}(\lambda, 0) = I - \lambda L.$$ ■

Remarque 2.4-4 : La réciproque du Théorème 2.4-1 est *fausse* comme le montre le contre-exemple suivant, dû à RABINOWITZ [1975] :

$$V = \mathbb{R}^2, \quad \mathscr{F}(\lambda, u) = \begin{pmatrix} u_1 \\ u_2 \end{pmatrix} - \lambda \begin{pmatrix} u_1 \\ u_2 \end{pmatrix} + \begin{pmatrix} u_2^3 \\ -u_1^3 \end{pmatrix}.$$

Alors $L = I$ et la seule valeur caractéristique de L est 1.

Si l'on exprime que $\mathcal{F}(\lambda,u) = 0$, i.e. que

(2.4-13) $$u_1 - \lambda u_1 + u_2^3 = 0,$$

(2.4-14) $$u_2 - \lambda u_2 - u_1^3 = 0,$$

en multipliant (2.4-13) par u_2 et (2.4-14) par $-u_1$ et en faisant la somme des identités obtenues, on aboutit à :

$$u_1^4 + u_2^4 = 0,$$

donc $u_1 = u_2 = 0$ est la seule solution possible pour tout $\lambda \in \mathbb{R}$. ■

Si l'on suppose en outre que l'application C (2.4-8) est compacte (cf. Remarque 2.2-4) il existe une réciproque partielle du Théorème 2.4-1 : KRASNOSEL 'SKII [1964] a montré que tout point $(\lambda_0,0)$ ou λ_0 est une valeur caractéristique de multiplicité (algébrique) impaire est un point de bifurcation pour l'équation (2.4-2). Ce résultat peut être précisé de la façon suivante :

THEOREME 2.4-2 : (Alternative de Rabinowitz). *On fait les mêmes hypothèses qu'au théorème précédent et on suppose que l'application* C (2.4-8) *est compacte. Alors, si* λ_0 *est une valeur caractéristique de multiplicité impaire, il existe une composante connexe de l'adhérence dans* $\mathbb{R} \times V$ *de l'ensemble des solutions non triviales de l'équation* (2.4-2) *qui contient* $(\lambda_0,0)$ *et qui :*

(i) *soit n'est pas bornée dans* $\mathbb{R} \times V$,

(ii) *soit rencontre un point* $(\mu_0,0)$ *où* μ_0 *est une autre valeur caractéristique de* L.

Démonstration : Elle est basée sur des arguments de degré topologique (cf. RABINOWITZ [1975]). ■

2.5. ÉTUDE DE LA BIFURCATION DANS LES ÉQUATIONS DE VON KÁRMÁN

Nous nous intéresserons ici à l'équation

(2.5-1) $$u - \lambda Lu + C(u) = 0,$$

pour laquelle nous avons établi (Théorème 2.3-1) qu'elle ne possède que la solution triviale $u=0$ pour $\lambda \leq \lambda_1$ et au moins trois solutions $[$à savoir $(0,u,-u)$, $u \neq 0]$ dans l'espace $H_0^2(\omega)$ pour $\lambda > \lambda_1$.

Dans ce paragraphe, nous allons obtenir des renseignements sur la bifurcation de l'ensemble des solutions de l'équation (2.5-1) par rapport à la branche triviale $\{(\lambda,0),\ \lambda \in \mathbb{R}\}$. Grâce au Théorème 2.4-1, nous savons déjà que celle-ci ne peut provenir qu'en un point de la forme $(\lambda_i,0)$, où λ_i est une valeur caractéristique de L. Réciproquement, la théorie générale que nous avons brièvement mentionnée au paragraphe 4 nous permet d'être assurés qu'une telle bifurcation se produit effectivement aux points $(\lambda_i,0)$, λ_i étant une valeur caractéristique de multiplicité impaire de L : nous nous intéresserons plus particulièrement au cas où λ_i est une valeur caractéristique simple de l'opérateur L.

Principe de la méthode, dite de Lyapunov-Schmidt.

On suppose dorénavant que la valeur caractéristique λ_i est simple et on appelle $\phi_i \in \mathrm{Ker}(I - \lambda_i L)$ un vecteur propre normalisé dans le sens :

(2.5-2) $$((L\phi_i, \phi_i)) = 1.$$

Le principe consiste à chercher un couple (λ,u) solution de l'équation (2.5-1) sous la forme $(\lambda_\varepsilon, u_\varepsilon)$ avec :

(2.5-3) $$\lambda_\varepsilon = \lambda_i + \mu(\varepsilon),$$

(2.5-4) $$u_\varepsilon = \varepsilon\phi_i + v(\varepsilon),$$

sous les conditions :

(2.5-5) $$\lim_{\varepsilon \to 0} \mu(\varepsilon) = 0,$$

(2.5-6) $$\begin{cases} v(\varepsilon) \in \{\phi_i\}^\perp, \\ \lim_{\varepsilon \to 0} v(\varepsilon) = 0. \end{cases}$$

LEMME 2.5-1 : *Soit* $\varepsilon \in \mathbb{R}$ *et* $(\lambda,u) \in \mathbb{R} \times H_0^2(\omega)$ *où* u *est de la forme*

(2.5-7) $$u = \varepsilon\phi_i + v,\quad v \in \{\phi_i\}^\perp.$$

Alors, (λ,u) *est solution de l'équation* (2.5-1) *au voisinage de* $(\lambda_i,0)$ *si et seulement si :*

(2.5-8) $$v = QS_\varepsilon(\varepsilon\phi_i + v),$$

$$(2.5\text{-}9)\qquad \begin{cases} \lambda = \lambda_i + \frac{1}{\varepsilon}\,((C(\varepsilon\phi_i + v),\phi_i)) & si\ \varepsilon \neq 0, \\ \lambda\ quelconque\ si\ \varepsilon = 0, \end{cases}$$

avec, pour $w \in H_0^2(\omega)$:

$$(2.5\text{-}10)\qquad S_\varepsilon(w) = \begin{cases} \frac{1}{\varepsilon}((C(w),\phi_i))\,Lw - C(w) & si\ \varepsilon \neq 0, \\ 0\ si\ \varepsilon = 0, \end{cases}$$

où $Q \in \mathcal{L}\left(H_0^2(\omega),\ \{\phi_i\}^\perp\right)$ *est défini par :*

$$(2.5\text{-}11)\qquad \forall w \in H_0^2(\omega),\ (I-\lambda_i L)Qw = Q(I-\lambda_i L)w = P_i w,$$

P_i *étant l'opérateur de projection orthogonale sur l'espace* $\{\phi_i\}^\perp$.

Démonstration : Remarquons tout d'abord que l'opérateur Q défini par (2.5-11) n'est autre que le composé de l'inverse de la restriction à l'espace $\{\phi_i\}^\perp$ de l'opérateur $(I-\lambda_i L)$ avec l'opérateur de projection P_i :

$$(2.5\text{-}12)\qquad Q = \left[(I-\lambda_i L)\Big|_{\{\phi_i\}^\perp}\right]^{-1} P_i\,.$$

En prenant les projections sur les espaces $\{\phi_i\}$ et $\{\phi_i\}^\perp$, dire que $(\lambda,u) \in \mathbb{R} \times H_0^2(\omega)$ avec u de la forme (2.5-7) est solution de l'équation (2.5-1) équivaut à :

$$\begin{cases} \varepsilon\|\phi_i\|^2 - \lambda\varepsilon + ((C(\varepsilon\phi_i + v),\phi_i)) = 0, \\ v - \lambda Lv + P_i\, C(\varepsilon\phi_i + v) = 0, \end{cases}$$

soit, puisque d'après la normalisation (2.5-2) on a $\|\phi_i\|^2 = \lambda_i$:

$$(2.5\text{-}13)\qquad \begin{cases} \lambda - \lambda_i = \frac{1}{\varepsilon}\,((C(\varepsilon\phi_i + v),\phi_i)) & \text{si } \varepsilon \neq 0, \\ ((C(v),\phi_i)) = 0 \text{ si } \varepsilon = 0 \text{ (et } \lambda \text{ quelconque)}, \end{cases}$$

$$(2.5\text{-}14)\qquad v - \lambda_i Lv = (\lambda-\lambda_i)Lv - P_i\, C(\varepsilon\phi_i + v).$$

En appliquant l'opérateur Q (2.5-12) aux deux membres de (2.5-14), cette identité équivaut à :

$$(2.5\text{-}15)\qquad v = (\lambda - \lambda_i)QLv - QC(\varepsilon\phi_i + v).$$

Si $\varepsilon = 0$, on a [cf. (2.5-7)] $u = v$ et dire que $(\lambda,u) = (\lambda,v)$ est solution de l'équation (2.5-1) au voisinage de $(\lambda_i,0)$ entraîne $v = 0$ car d'après (2.5-15) (avec $\varepsilon = 0$):

$$\|v\| \leqslant |\lambda-\lambda_i| \ \|Q\| \ \|L\| \ \|v\| + \|Q\| \ \|C(v)\|$$

$$\leqslant |\lambda-\lambda_i| \ \|Q\| \ \|L\| \ \|v\| + \|Q\| \ \|B\|^2 \ \|v\|^3 ,$$

par le Lemme 2.2-5 (i), inégalité qui ne peut avoir lieu que pour $v=0$ dès que (λ,v) est proche de $(\lambda_i,0)$.

Si $\varepsilon \neq 0$, on peut reporter dans (2.5-14) la valeur de $(\lambda-\lambda_i)$ obtenue en (2.5-13) et si l'on remarque que

$$QLv = QL(\varepsilon\phi_i + v),$$

puisque $QL\phi_i = 0$, on obtient :

$$v = QS_\varepsilon(\varepsilon\phi_i + v).$$

■

Pour $\varepsilon \neq 0$, définissons l'application :

(2.5-16) $$\Lambda_\varepsilon : w \in H_0^2(\omega) \longrightarrow \Lambda_\varepsilon(w) = \lambda_i + \frac{1}{\varepsilon}\,((C(w),\phi_i)) ,$$

de sorte que grâce au Lemme 2.5-1, le couple (λ,u) avec $u = \varepsilon\phi_i + v$ est solution de l'équation (2.5-1) au voisinage de $(\lambda_i,0)$ si et seulement si :

$$\begin{cases} v = QS_\varepsilon(\varepsilon\phi_i + v), \\ \lambda = \Lambda_\varepsilon(\varepsilon\phi_i + v) \text{ si } \varepsilon \neq 0, \\ \lambda \text{ quelconque si } \varepsilon = 0, \end{cases}$$

équivalence dans laquelle il apparaît que le problème se résume à trouver les solutions de l'équation :

(2.5-17) $$v = QS_\varepsilon(\varepsilon\phi_i + v),$$

puisqu'alors, λ est déterminé par la relation $\lambda = \Lambda_\varepsilon(\varepsilon\phi_i + v)$ si $\varepsilon \neq 0$ et λ est quelconque si $\varepsilon = 0$ (noter que dans ce cas l'équation (2.5-17) ne possède que la solution $v=0$ puisque $S_0 \equiv 0$ par définition).

Avant de prouver l'existence de solutionsde l'équation (2.5-17), établissons le résultat technique suivant :

LEMME 2.5-2. *Dans la suite, on suppose* $\varepsilon \neq 0$.

(i) *Il existe une constante* $C_1 > 0$ *telle que :*

$$\forall w \in H_0^2(\omega), \ \|Qw\| \leqslant C_1 \|w\| .$$

(ii) *Il existe une constante* $C_2>0$ *telle que*

$$\begin{cases} \forall u\in H_0^2(\omega),\ u=\varepsilon\phi_i+v,\ v\in\{\phi_i\}^{\perp},\ \|v\|\leqslant\varepsilon, \\ |\Lambda_\varepsilon(u)-\lambda_i|\leqslant C_2\ \varepsilon^2. \end{cases}$$

(iii) *Il existe une constante* $C_3>0$ *telle que :*

$$\begin{cases} \forall(u_\alpha)\in\left(H_0^2(\omega)\right)^2,\ u_\alpha=\varepsilon\phi_i+v_\alpha,\ (v_\alpha)\in\left(\{\phi_i\}^{\perp}\right)^2,\ \|v_\alpha\|\leqslant|\varepsilon|, \\ |\Lambda_\varepsilon(u_1)-\Lambda_\varepsilon(u_2)|\leqslant C_3|\varepsilon|\ \|v_1-v_2\|. \end{cases}$$

(iv) *Il existe une constante* $C_4>0$ *telle que :*

$$\begin{cases} \forall u\in H_0^2(\omega),\ u=\varepsilon\phi_i+v,\ v\in\{\phi_i\}^{\perp},\ \|v\|\leqslant|\varepsilon|, \\ \|S_\varepsilon(u)\|\leqslant C_4|\varepsilon|^3. \end{cases}$$

(v) *Il existe une constante* $C_5>0$ *telle que :*

$$\forall(u_\alpha)\in\left(H_0^2(\omega)\right)^2,\ u_\alpha=\varepsilon\phi_i+v_\alpha,\ (v_\alpha)\in\left(\{\phi_i\}^{\perp}\right)^2,\ \|v_\alpha\|\leqslant|\varepsilon|,$$
$$\|S_\varepsilon(u_1)-S_\varepsilon(u_2)\|\leqslant C_5\ \varepsilon^2\ \|v_1-v_2\|.$$

Démonstration :

(i) ne traduit que la continuité de l'opérateur Q.

(ii) On a :

$$|\Lambda_\varepsilon(u)-\lambda_i| = \frac{1}{|\varepsilon|}\left|((C(\varepsilon\phi_i+v),\phi_i))\right|$$
$$\leqslant\frac{1}{|\varepsilon|}\|C(\varepsilon\phi_i+v)\|\ \|\phi_i\|.$$

Grâce au Lemme 2.2-5 (i), ceci entraîne à fortiori :

$$|\Lambda_\varepsilon(u)-\lambda_i|\leqslant\frac{1}{|\varepsilon|}\|B\|^2\ \|\varepsilon\phi_i+v\|^3\|\phi_i\|,$$

et pour $\|v\|\leqslant|\varepsilon|$, on obtient donc :

$$|\Lambda_\varepsilon(u)-\lambda_i|\leqslant\varepsilon^2\ \|B\|^2\ (\|\phi_i\|^2+1)^{\frac{3}{2}}\ \|\phi_i\|,$$

d'où le résultat avec $\left(\text{car } \|\phi_i\|^2=\lambda_i\right.$ d'après la normalisation $\left.(2.5\text{-}2)\right)$:

$$C_2=\|B\|^2\ (\lambda_i+1)^{\frac{3}{2}}\ \sqrt{\lambda_i}.$$

(iii) De la même façon :

$$|\Lambda_\varepsilon(u_1)-\Lambda_\varepsilon(u_2)| = \frac{1}{|\varepsilon|}\left|((C(u_1) - C(u_2),\phi_i))\right|$$

$$\leqslant \frac{1}{|\varepsilon|} \| C(u_1) - C(u_2)\| \ \|\phi_i\|$$

$$\leqslant \frac{3}{|\varepsilon|} \|B\|^2 \operatorname{Max} (\|u_1\|^2 , \|u_2\|^2) \ \|u_1-u_2\| \ \|\phi_i\| ,$$

par le Lemme 2.2-5 (i). Pour $\|v_1\|$, $\|v_2\| \leqslant \varepsilon$, ceci entraîne :

$$|\Lambda_\varepsilon(u_1)-\Lambda_\varepsilon(u_2)| \leqslant 3|\varepsilon| \ \|B\|^2 \ (\|\phi_i\|^2 + 1) \ \|\phi_i\| \ \|u_1-u_2\| ,$$

d'où l'on tire (puisque $u_1-u_2 = v_1-v_2$) :

$$C_3 = 3\|B\|^2 \ (\lambda_i+1)\sqrt{\lambda_i}.$$

(iv) Par définition de l'application S_ε $\left(\text{cf. } (2.5\text{-}10)\right)$ et celle de l'application Λ_ε $\left(\text{cf. } (2.5\text{-}16)\right)$, on voit que :

$$\|S_\varepsilon(u)\| = \|\left(\Lambda_\varepsilon(u)-\lambda_i\right)Lu - C(u)\|$$

$$\leqslant |\Lambda_\varepsilon(u)-\lambda_i| \ \|Lu\| + \|C(u)\|$$

$$\leqslant C_2 \ \varepsilon^2 \ \|L\| \ \|u\| + \|B\|^2 \ \|u\|^3$$

d'après (ii) et le Lemme 2.2-5 (i), soit :

$$\|S_\varepsilon(u)\| \leqslant |\varepsilon|^3 \ \left(C_2 \|L\| (\lambda_i+1)^{\frac{1}{2}} + \|B\|^2 (\lambda_i+1)^{\frac{3}{2}}\right),$$

ce qui fournit :

$$C_4 = C_2 \|L\| (\lambda_i+1)^{\frac{1}{2}} + \|B\|^2 \ (\lambda_i+1)^{\frac{3}{2}}.$$

(v) Enfin, écrivons :

$$S_\varepsilon(u_1) - S_\varepsilon(u_2) = \left(\Lambda_\varepsilon(u_1)-\Lambda_\varepsilon(u_2)\right)Lu_1 + \left(\Lambda_\varepsilon(u_2)-\lambda_i\right)L(u_1-u_2) - \left(C(u_1)-C(u_2)\right),$$

d'où :

$$\|S_\varepsilon(u_1) - S_\varepsilon(u_2)\| \leqslant C_3|\varepsilon| \ \|v_1-v_2\| \ \|L\| \ \|u_1\| + C_2 \ \varepsilon^2 \ \|L\| \ \|u_1-u_2\|$$

$$+ \ 3\|B\|^2 \operatorname{Max} (\|u_1\|^2, \|u_2\|^2) \ \|u_1-u_2\| ,$$

grâce à (ii), (iii) et le Lemme 2.2-5 (i). On trouve alors (noter encore ici que $u_1 - u_2 = v_1 - v_2$) :

$$C_5 = C_3 \ \|L\| \ (\lambda_i+1)^{\frac{1}{2}} + C_2 \ \|L\| + 3\|B\|^2 \ (\lambda_i+1).$$

■

THEOREME 2.5-1 : *Soit* λ_i *une valeur caractéristique simple de l'opérateur* L *et* $\phi_i \in \mathrm{Ker}(I-\lambda_i L)$ *une fonction propre normalisée en ce sens que :*

$$((L\phi_i,\phi_i)) = 1.$$

Alors, il existe un voisinage de $(\lambda_i,0)$ *dans* $\mathbb{R}\times H_0^2(\omega)$ *dans lequel les seules solutions de l'équation* (2.5-1) *sont d'une part la solution triviale et d'autre part donnée par une courbe continue* $(\lambda_\varepsilon,u_\varepsilon)$, *avec :*

(2.5-18) $$\lambda_\varepsilon = \lambda_i + \mu(\varepsilon),\ 0<\mu(\varepsilon) \text{ pour } \varepsilon\neq 0,\ \mu(\varepsilon) = O(\varepsilon^2),$$

(2.5-19) $$u_\varepsilon = \varepsilon\phi_i + v(\varepsilon),\ v(\varepsilon)\in\{\phi_i\}^\perp,\ \|v(\varepsilon)\| = O(\varepsilon^3).$$

De plus, on a :

(2.5-20) $$v(-\varepsilon) = -v(\varepsilon).$$

Démonstration : On a déjà remarqué que le problème se réduit à prouver l'existence de points fixes de l'application T_ε définie par $\{$cf. (2.5-17)$\}$:

(2.5-21) $$v\in\{\phi_i\}^\perp \to T_\varepsilon(v) = QS_\varepsilon(\varepsilon\phi_i+v)\in\{\phi_i\}^\perp.$$

Nous allons montrer qu'il existe $\varepsilon_0>0$ tel que l'application T_ε ainsi définie soit une contraction de la boule $B(0,|\varepsilon|)$ de l'espace $\{\phi_i\}^\perp$ pour ε fixé, tel que $|\varepsilon|<\varepsilon_0$. Dans ces conditions, le théorème classique du point fixe nous fournit, pour $|\varepsilon|<\varepsilon_0$ fixé, l'existence et l'unicité d'un élément $v(\varepsilon)\in\{\phi_i\}^\perp$ tel que :

$$v(\varepsilon) = T_\varepsilon\{v(\varepsilon)\}.$$

Puisque le cas $\varepsilon=0$ est trivial (car $T_0\equiv 0$), nous supposerons $\varepsilon\neq 0$. Soit $v\in B(0,|\varepsilon|)\subset\{\phi_i\}^\perp$:

(2.5-22) $$\|T_\varepsilon(v)\| = \|QS_\varepsilon(\varepsilon\phi_i+v)\| \leq C_1C_4|\varepsilon|^3,$$

avec les notations du Lemme 2.5-2. Ainsi

$$\|T_\varepsilon(v)\| \leq |\varepsilon|,$$

dès que :

$$C_1C_4|\varepsilon|^3 \leq |\varepsilon| \Leftrightarrow |\varepsilon|\leq (C_1C_4)^{-\frac{1}{2}}.$$

Soient $v_1,v_2\in B(0,|\varepsilon|)\subset\{\phi_i\}^\perp$:

$$\| T_\varepsilon(v_1) - T_\varepsilon(v_2) \| \leq C_1 \| S_\varepsilon(\varepsilon\phi_i + v_1) - S_\varepsilon(\varepsilon\phi_i + v_2) \|$$

$$\leq C_1 C_5 \, \varepsilon^2 \, \| v_1 - v_2 \| .$$

La condition $C_1C_5\,\varepsilon^2 < 1$ est assurée dès lors que :

$$|\varepsilon| < (C_1C_5)^{-\frac{1}{2}}.$$

L'assertion s'ensuit avec :

$$\varepsilon_0 = \mathrm{Min}\left((C_1C_4)^{-\frac{1}{2}}, (C_1C_5)^{-\frac{1}{2}}\right).$$

Grâce à (2.5-22), on conclut immédiatement que :

$$\| v(\varepsilon) \| = O(|\varepsilon|^3).$$

Pour $\varepsilon \neq 0$, nous avons vu que la connaissance de $v(\varepsilon)$ entraîne celle de λ_ε par la relation :

(2.5-23) $$\lambda_\varepsilon = \Lambda_\varepsilon\{\varepsilon\phi_i + v(\varepsilon)\},$$

donc :

(2.5-24) $$\mu(\varepsilon) = \lambda_\varepsilon - \lambda_i = O(\varepsilon^2),$$

grâce au Lemme 2.5-2 (ii). La continuité de l'application :

$$\varepsilon \longrightarrow (\lambda_\varepsilon, u_\varepsilon)$$

découle {par (2.5-23)} de celle de l'application :

$$\varepsilon \longrightarrow v(\varepsilon),$$

qui se déduit immédiatement du fait que $v(\varepsilon)$ est obtenu comme point fixe d'une famille de contractions T_ε, avec constantes uniformément majorées par $k < 1$.

La condition :

(2.5-25) $$v(-\varepsilon) = -v(\varepsilon),$$

provient du fait que si $\varepsilon\phi_i + v(\varepsilon)$ est solution, il en va de même de $-\varepsilon\phi_i - v(\varepsilon)$: en effet, par construction $\{-\varepsilon\phi_i + v(-\varepsilon)\}$ est la seule solution de l'équation de la forme $(-\varepsilon\phi_i + v)$, $v \in \{\phi_i\}^\perp$, d'où (2.5-25).

Montrons enfin que $\mu(\varepsilon)$ (2.5-24) est > 0 (il y aura donc bifurcation "à droite") : d'après (2.5-23)-(2.5-24) :

$$\mu(\varepsilon) = \Lambda_\varepsilon\{\varepsilon\phi_i + v(\varepsilon)\} - \lambda_i =$$
$$= \frac{1}{\varepsilon}\left(\!\left(C\{\varepsilon\phi_i + v(\varepsilon)\} - C(\varepsilon\phi_i), \phi_i\right)\!\right) + \varepsilon^2 \left(\!\left(C(\phi_i), \phi_i\right)\!\right),$$

puisque l'opérateur C est homogène de degré 3, donc :

$$\mu(\varepsilon) \geq -\frac{1}{\varepsilon} \| C\{\varepsilon\phi_i + v(\varepsilon)\} - C(\varepsilon\phi_i) \| \ \|\phi_i\| + \varepsilon^2 \left(\!\left(C(\phi_i), \phi_i\right)\!\right)$$
$$\geq -\frac{3}{\varepsilon} \|B\|^2 \ \|v(\varepsilon)\| \ \mathrm{Max}\left(\|\varepsilon\phi_i + v(\varepsilon)\|^2, \|\varepsilon\phi_i\|^2\right) \|\phi_i\|$$
$$+ \varepsilon^2 \left(\!\left(C(\phi_i), \phi_i\right)\!\right),$$

d'après le Lemme 2.2-5 (iii). Mais d'une part :

$$\mathrm{Max}\left\{\|\varepsilon\phi_i + v(\varepsilon)\|^2, \|\varepsilon\phi_i\|^2\right\} = \|\varepsilon\phi_i + v(\varepsilon)\|^2 \leq \varepsilon^2(1 + \|\phi_i\|^2)$$

puisque $\|v(\varepsilon)\| \leq \varepsilon$ par construction et on a vu d'autre part que $\|v(\varepsilon)\| = O(|\varepsilon|^3)$.

Ceci permet de conclure qu'il existe une constante $C > 0$ telle que :

(2.5-26) $\qquad \mu(\varepsilon) \geq -C\varepsilon^4 + \varepsilon^2 \left(\!\left(C(\phi_i), \phi_i\right)\!\right) > 0$ pour $\varepsilon \neq 0$ assez petit,

puisque {Lemme 2.2-6 (i), relation (2.2-30)} $\left(\!\left(C(\phi_i), \phi_i\right)\!\right) > 0$. Quitte à diminuer ε_0, on peut supposer que (2.5-26) a lieu pour $0 < |\varepsilon| < \varepsilon_0$.

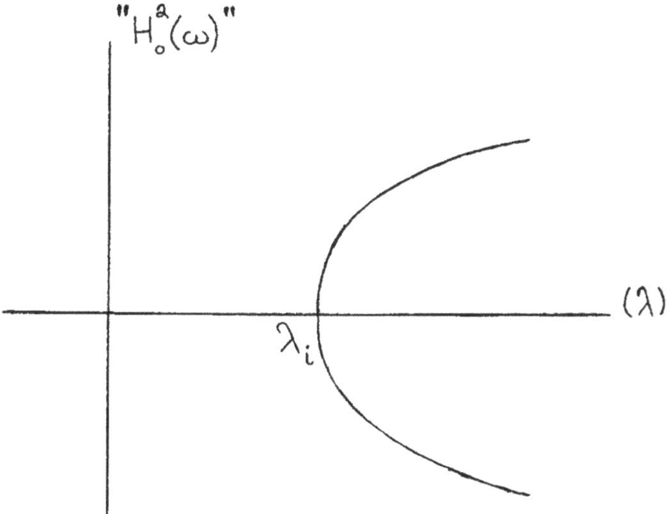

fig. 2.5-1

Représentation schématique de l'ensemble des solutions au voisinage de $(\lambda_i, 0)$. ■

CHAPITRE 3

ETUDE DE LA BIFURCATION PERTURBEE DANS LES EQUATIONS DE VON KÁRMÁN

3.1. POSITION DU PROBLÈME

Au Chapitre 2, paragraphe 3, nous avons vu comment l'introduction d'efforts latéraux proportionnels à un scalaire λ ramène les équations de von Kármán au problème non-linéaire dans l'espace $H_0^2(\omega)$:

$$(3.1\text{-}1) \qquad u - \lambda Lu + C(u) = F,$$

l'opérateur $L \in \mathcal{L}\left(H_0^2(\omega)\right)$ étant défini par (2.3-7) et l'opérateur non linéaire C par (2.2-24).

Aux paragraphes 2.4 et 2.5, nous avons montré que pour $F = 0$ et des *efforts latéraux de compression* (correspondant à des valeurs >0 du paramètre λ), le problème de von Kármán sous la forme (3.1-1) tombe dans la catégorie des problèmes de bifurcation pour lesquels nous avons indiqué divers types de résultats généraux. On retiendra notamment le Théorème 2.4-2 (Alternative de Rabinowitz) faisant apparaître la bifurcation comme un *phénomène global*. Cependant, si l'on souhaite obtenir des conclusions précises (en particulier concernant le nombre de solutions pour une valeur fixée du paramètre λ) et considérer le problème général (3.1-1) comme une "perturbation" du cas particulier $F = 0$, on ne peut procéder qu'à une étude locale, dont la méthode de Lyapunov-Schmidt décrite au paragraphe 2.5 est une ébauche (du point de vue théorique, mais qui a l'avantage d'être *constructive*, dans le sens qu'elle s'adapte particulièrement bien à la résolution numérique, ainsi que S. KESAVAN l'a montré dans sa Thèse [1979]).

Nous nous proposons dans ce chapitre d'effectuer une étude locale plus fine qui nous permettra de traiter l'équation (3.1-1) "complète", c'est-à-dire avec un second membre F non nul (mais "petit" du fait du caractère local des résultats envisagés).

La restriction à des seconds membres de norme petite, si elle est commode du point de vue de l'étude mathématique, n'en correspond pas moins à des situations physiques intéressantes : en effet, nous avons établi antérieurement que le second membre F rend compte des efforts perpendiculaires à la surface moyenne ω de la plaque. En particulier, nous pourrons prendre en considération le poids de celle-ci (supposée "horizontale" dans sa position initiale non déformée), toujours faible pour des plaques minces (cette dernière hypothèse étant nécessaire à la validité du modèle de von Kármán comme nous l'avons vu à la Remarque 1.4-4) ce qui évite l'approximation arbitraire consistant à le supposer nul comme ceci est le cas quand on se borne à envisager le problème homogène.

Pour des raisons qui apparaîtront ultérieurement, nous allons étudier l'équation (3.1-1) sous une forme plus restrictive en fixant la direction (dans l'espace $H_0^2(\omega)$) du second membre F et en cherchant les solutions, pour $|\delta|$ assez petit, de l'équation :

(3.1-2) $$u - \lambda Lu + C(u) = \delta F,$$

au voisinage de $(\lambda_i, 0) \in \mathbb{R}\times H_0^2(\omega)$, λ_i étant la ième valeur caractéristique de l'opérateur L. Nous supposerons dorénavant que λ_i est valeur caractéristique simple et nous poserons :

(3.1-3) $$\mathcal{N}_i = \mathrm{Ker}(I - \lambda_i L),$$

espace propre engendré par la fonction propre ϕ_i fixée une fois pour toutes et normalisée telle que :

(3.1-4) $$\|\phi_i\| = 1.$$

Remarque 3.1-1 : La normalisation (3.1-4) diffère de celle que nous avons faite au Théorème 2.5-1. Ceci n'a naturellement aucune influence sur nos résultats : ce n'est que par commodité que nous adoptons ici (3.1-4). ■

Si nous appelons $(\mathcal{E}_\delta)$ l'équation (3.1-2), qui consiste à trouver les couples (λ, u) au voisinage de $(\lambda_i, 0)$ vérifiant

$(\mathcal{E}_\delta)$ $$u - \lambda Lu + C(u) - \delta F = 0,$$

nous pouvons, par analogie avec le cas où $\delta = 0$, commencer par chercher les solutions de l'équation $(\mathcal{E}_\delta)$ pour lesquelles la propriété supplémentaire :

(3.1-5) $$I - \lambda L + C'(u) \notin \mathrm{Isom}\big(H_0^2(\omega)\big),$$

est vraie. En effet, pour $\delta = 0$, le couple $(\lambda_i, 0) \in \mathbb{R}\times H_0^2(\omega)$ vérifie lui-même l'équation $(\mathcal{E}_0)$ et (3.1-5), et, pour $\delta \neq 0$, il est naturel de chercher à déterminer *en premier lieu* les solutions de l'équation $(\mathcal{E}_\delta)$ vérifiant (3.1-5). Dans ce but, nous adopterons la démarche suivante : dans une première étape, nous déterminerons les triplets (λ,u,δ) au voisinage de $(0,0,0)$ dans $\mathbb{R}\times H_0^2(\omega)\times\mathbb{R}$ vérifiant *à la fois* l'équation

$$(\mathcal{E}) \qquad u - \lambda Lu + C(u) - \delta F = 0$$

et la condition (3.1-5) (il est important de noter que les équations $(\mathcal{E})$ et $(\mathcal{E}_\delta)$ diffèrent en ce sens que δ est une inconnue dans la première et un paramètre fixé dans la seconde) et dans une seconde étape, nous examinerons combien de valeurs de u voisines de 0 dans $H_0^2(\omega)$ correspondent à une même valeur fixée de (λ,δ).
Cet examen nous permettra alors de mener à bien la résolution du problème posé et de répondre à diverses conjectures, plus ou moins empiriquement résolues à l'heure actuelle. Avec ce qui précède, il devient naturel d'introduire le vocabulaire suivant :

Définition : *Nous dirons que le triplet* $(\lambda,u,\delta)\in\mathbb{R}\times H_0^2(\omega)\times\mathbb{R}$ *(resp. le couple* $(\lambda,u)\in\mathbb{R}\times H_0^2(\omega)$*) est une solution* u-*singulière de l'équation* $(\mathcal{E})$ *(resp.* $(\mathcal{E}_\delta)$*) si d'une part* (λ,u,δ) *est solution de l'équation* $(\mathcal{E})$ *(resp.* $(\mathcal{E}_\delta)$*) et si d'autre part la condition :*

$$I - \lambda L + C'(u) \notin \mathrm{Isom}\left(H_0^2(\omega)\right)$$

est réalisée. ■

Remarque 3.1-2 : Notons dès à présent que les solutions (resp. u-singulières) de l'équation $(\mathcal{E}_\delta)$ correspondent aux solutions (resp. u-singulières) de l'équation $(\mathcal{E})$ de "cote" δ. ■

3.2. RÉDUCTION DU PROBLÈME

Considérons tout d'abord un couple $(\lambda,u)\in\mathbb{R}\times H_0^2(\omega)$ tel que

$$(3.2\text{-}1) \qquad I - \lambda L + C'(u) \notin \mathrm{Isom}\left(H_0^2(\omega)\right).$$

Au lemme 2.2-5(ii), nous avons établi que l'opérateur C était complètement continu, ce qui, d'après un résultat désormais classique de KRASNOSEL'SKII [1964], nous permet de conclure que *l'opérateur* $C'(u)\in\mathcal{L}(H_0^2(\omega))$ *est compact* (ceci peut aussi se voir sur la définition (2.2-24) de l'opérateur C en utilisant la propriété de l'opérateur bilinéaire B du Lemme 2.2-4). Puisque l'opérateur $L\in\mathcal{L}(H_0^2(\omega))$ est lui-même compact, la condition (3.2-1) équivaut à dire que la perturbation compacte de l'identité :

$$I - \lambda L + C'(u)\in\mathcal{L}(H_0^2(\omega)), \tag{3.2-2}$$

n'est pas injective. Nous allons exploiter cette observation dans un premier résultat préliminaire. Auparavant, remarquons que la perturbation (3.2-2) est *autoadjointe* puisque l'opérateur L est autoadjoint (Lemme 2.3-1) ainsi que l'opérateur $C'(u)$ qui, pour tout $u\in H_0^2(\omega)$ s'identifie canoniquement à la dérivée seconde de la fonctionnelle (2.2-30) (Lemme 2.2-6(iii)).

LEMME 3.2-1 : *Il existe un voisinage* $\hat{W}_i$ *de* $(\lambda_i,0)\in\mathbb{R}\times H_0^2(\omega)$ *et une application* θ_i *de classe* $\mathcal{C}^\infty$:

$$\theta_i : \hat{W}_i \to \mathcal{N}_i^\perp \quad (\theta_i(\lambda_i,0) = 0), \tag{3.2-3}$$

telles que les conditions suivantes soient équivalentes:

(i) $(\lambda,u)\in\hat{W}_i$, $I - \lambda L + C'(u)\notin \mathrm{Isom}(H_0^2(\omega))$,

(ii) $1 - \dfrac{\lambda}{\lambda_i} + ((C'(u)\cdot(\phi_i + \theta_i(\lambda,u)),\phi_i)) = 0.$

De plus, le noyau $\mathrm{Ker}(I-\lambda L+C'(u))$ *est de dimension* 1 *et engendré par le vecteur* $\phi_i + \theta_i(\lambda,u)$.

Démonstration : Soit $h\in H_0^2(\omega)$, $h\neq 0$, tel que

$$h - \lambda Lh + C'(u)\cdot h = 0. \tag{3.2-4}$$

Utilisant la décomposition de l'espace $H_0^2(\omega)$ en somme directe des espaces $\mathcal{N}_i$ et $\mathcal{N}_i^\perp$, on peut écrire :

$$h = \xi\phi_i + \eta \ ; \ \xi\in\mathbb{R},\ \eta\in\mathcal{N}_i^\perp . \tag{3.2-5}$$

En projetant la relation (3.2-4) sur les espaces $\mathcal{N}_i$ et $\mathcal{N}_i^\perp$, et en désignant par P_i l'opérateur de projection orthogonale sur l'espace $\mathcal{N}_i^\perp$, on obtient de façon équivalente :

$$\left(1 - \frac{\lambda}{\lambda_i}\right)\xi + \xi((C'(u)\cdot\phi_i,\phi_i)) + ((C'(u)\cdot\eta,\phi_i)) = 0, \tag{3.2-6}$$

(3.2-7) $$(I-\lambda L)\eta + P_i\, C'(u)\cdot\eta + \xi P_i\, C'(u)\cdot\phi_i = 0.$$

Puisque la restriction de l'opérateur $I - \lambda_i L$ à l'espace $\mathcal{N}_i^{\perp}$ est un isomorphisme de l'espace $\mathcal{N}_i^{\perp}$ et puisque l'ensemble $\mathrm{Isom}(\mathcal{N}_i^{\perp})$ est ouvert, on déduit par continuité qu'il existe un voisinage $\hat{W}_i$ de $(\lambda_i, 0)$ dans $\mathbb{R}\times H_0^2(\omega)$ tel que :

$$(\lambda,u)\in\hat{W}_i \Rightarrow I - \lambda L + P_i\, C'(u)\in \mathrm{Isom}(\mathcal{N}_i^{\perp}).$$

En conséquence, la relation (3.2-7) équivaut, pour $(\lambda,u)\in\hat{W}_i$, à :

(3.2-8) $$\eta = \xi\, \theta_i(\lambda,u),$$

avec :

(3.2-9) $$\theta_i(\lambda,u) = -[I - \lambda L + P_i\, C'(u)]^{-1} P_i\, C'(u)\cdot\phi_i,$$

fonction $\mathcal{C}^\infty$ (puisque l'opérateur C est de classe $\mathcal{C}^\infty$) dans $\hat{W}_i$ à valeurs dans l'espace $\mathcal{N}_i^{\perp}$, telle que $\theta_i(\lambda_i,0) = 0$ puisque $C'(0) = 0$ (vérification immédiate). En reportant (3.2-8) dans (3.2-6), et en remarquant sur (3.2-8) que la condition $h\neq 0$ entraîne $\xi\neq 0$, on obtient l'équivalence entre les points (i) et (ii).

Enfin, puisque le vecteur $h\in H_0^2(\omega)$ vérifiant (3.2-4) est nécessairement de la forme :

$$h = \xi\phi_i + \xi\theta_i(\lambda,u) = \xi\big(\phi_i + \theta_i(\lambda,u)\big),$$

d'après ce qui précède, on conclut que le noyau $\mathrm{Ker}\big(I - \lambda L + C'(u)\big)$ est engendré par le vecteur $\phi_i + \theta_i(\lambda,u)$ et par suite est de dimension 1. ■

LEMME 3.2-2 : *Il existe un intervalle ouvert* $I_{1,i}$ *contenant* λ_i, *deux intervalles ouverts* I_2 *et* I_3 *contenant* 0, *un voisinage ouvert connexe* V_i *de* 0 *dans l'espace* $\mathcal{N}_i^{\perp}$ *et une application unique* v_i *de classe* $\mathcal{C}^\infty$:

$$v_i : I_{1,i}\times I_2\times I_3 \longrightarrow V_i \subset \mathcal{N}_i^{\perp},\quad \big(v_i(\lambda_i,0,0) = 0\big),$$

tels que, en identifiant canoniquement l'ouvert produit $I_2\times V_i$ *de l'espace* $\mathbb{R}\times\mathcal{N}_i^{\perp}$ *à un voisinage ouvert de* $0\in H_0^2(\omega)$, *les conditions suivantes soient équivalentes :*

(i) $(\lambda,u,\delta)\in I_{1,i}\times(I_2\times V_i)\times I_3$ *est une solution de l'équation* (&).

(ii) $(\lambda,\varepsilon,\delta)\in I_{1,i}\times I_2\times I_3$ *est solution de l'équation :*

(3.2-10) $$\Big(1-\frac{\lambda}{\lambda_i}\Big)\varepsilon + \big(\!\big(C\big(\varepsilon\phi_i + v_i(\lambda,\varepsilon,\delta)\big),\phi_i\big)\!\big) - \delta\big(\!\big(F,\phi_i\big)\!\big) = 0.$$

De plus, on a :

(3.2-11) $$\partial_\lambda v_i(\lambda_i,0,0) = 0 \in \mathcal{N}_i^\perp,$$

(3.2-12) $$\partial_\delta v_i(\lambda_i,0,0) = (I-\lambda_i L)^{-1} P_i F \in \mathcal{N}_i^\perp,$$

(l'opérateur $I-\lambda_i L$ *étant ici considéré comme isomorphisme de l'espace* $\mathcal{N}_i^\perp$*). Si* θ_i *désigne l'application* (3.2-9), *on a aussi :*

(3.2-13) $$\partial_\varepsilon v_i(\lambda,\varepsilon,\delta) = \theta_i\big(\lambda,\varepsilon\phi_i + v_i(\lambda,\varepsilon,\delta)\big) \in \mathcal{N}_i^\perp,$$

pour tout $(\lambda,\varepsilon,\delta) \in I_{1,i}\times I_2 \times I_3$ *et en particulier :*

(3.2-14) $$\partial_\varepsilon v_i(\lambda_i,0,0) = 0 \in \mathcal{N}_i^\perp.$$

Enfin, l'application de classe $\mathcal{C}^\infty$ *:*

(3.2-15) $$p_i : (\lambda,\varepsilon,\delta) \in I_{1,i}\times I_2\times I_3 \to \big(\lambda,\varepsilon\phi_i + v_i(\lambda,\varepsilon,\delta),\delta\big) \in I_{1,i}\times (I_2\times V_i)\times I_3,$$

est une immersion en $(\lambda_i,0,0)$, *injective dans* $I_{1,i}\times I_2\times I_3$ *et réalise une bijection entre les triplets* $(\lambda,\varepsilon,\delta) \in I_{1,i}\times I_2\times I_3$ *vérifiant* (3.2-10) *et les triplets* $(\lambda,u,\delta) \in I_{1,i}\times(I_2\times V_i)\times I_3$ *solutions de l'équation* $(\mathcal{E})$.

Démonstration : Ecrivons que le triplet $(\lambda,u,\delta) \in \mathbb{R}\times H_0^2(\omega)\times\mathbb{R}$ vérifie l'équation $(\mathcal{E})$:

(3.2-16) $$u - \lambda L u + C(u) - \delta F = 0.$$

En utilisant la décomposition de l'espace $H_0^2(\omega)$ en somme directe des espaces $\mathcal{N}_i$ et $\mathcal{N}_i^\perp$, écrivons :

(3.2-17) $$u = \varepsilon\phi_i + v \;;\; \varepsilon \in \mathbb{R},\; v \in \mathcal{N}_i^\perp,$$

et projetons l'équation (3.2-16) sur les espaces $\mathcal{N}_i$ et $\mathcal{N}_i^\perp$: on obtient de façon équivalente les deux équations :

(3.2-18) $$\Big(1-\frac{\lambda}{\lambda_i}\Big)\varepsilon + (\!(C(\varepsilon\phi_i+v),\phi_i)\!) - \delta (\!(F,\phi_i)\!) = 0,$$

(3.2-19) $$(I-\lambda L)v + P_i C(\varepsilon\phi_i + v) - \delta P_i F = 0.$$

Puisque $C'(0) = 0 \in \mathcal{L}\big(H_0^2(\omega)\big)$ et puisque $I-\lambda_i L \in \mathrm{Isom}(\mathcal{N}_i^\perp)$, on peut appliquer le théorème des fonctions implicites au voisinage de $(\lambda_i,0,0) \in \mathbb{R}\times\mathcal{N}_i^\perp\times\mathbb{R}$: on conclut (car on peut toujours se ramener à des ouverts produits) qu'il existe un voisinage ouvert connexe V_i de 0 dans $\mathcal{N}_i^\perp$, un intervalle ouvert $I_{1,i}$ contenant λ_i, deux intervalles ouverts I_2 et I_3 contenant 0 et une application unique v_i de classe $\mathscr{C}^\infty$:

$$v_i : I_{1,i}\times I_2\times I_3 \rightarrow V_i,$$

vérifiant $v_i\ (\lambda_i,0,0) = 0$ (puisque $\lambda = \lambda_i$, $\varepsilon = 0$, $v = 0$, $\delta = 0$ est solution de (3.2-19)), tels que l'équation (3.2-19) dans l'ouvert $I_{1,i}\times I_2\times V_i\times I_3$ soit équivalente aux conditions :

$$\text{(3.2-20)} \qquad \begin{cases} (\lambda,\varepsilon,\delta) \in I_{1,i}\times I_2\times I_3, \\ v = v_i(\lambda,\varepsilon,\delta) \in V_i. \end{cases}$$

En remplaçant v par l'application v_i dans (3.2-19) et en dérivant l'identité obtenue par rapport aux variables λ, ε et δ successivement, il n'y a aucune difficulté à obtenir les relations (3.2-11)-(3.2-13), cette dernière supposant naturellement que l'ouvert $I_{1,i}\times(I_2\times V_i)$ est contenu dans l'ouvert $\hat{W}_i$ déterminé au Lemme 3.2-1, ce qui est toujours possible (eu égard au caractère local du théorème des fonctions implicites).

Puisque (cf. (3.2-3)) $\theta_i(\lambda_i,0) = 0$, la relation (3.2-14) est immédiate et l'équivalence des points (i) et (ii) de l'énoncé s'obtient en reportant (3.2-20) dans (3.2-18).

Examinons pour terminer les propriétés de l'application p_i (3.2-15). Supposons que :

$$p_i(\lambda,\varepsilon,\delta) = p_i(\lambda',\varepsilon',\delta'),$$

pour des triplets $(\lambda,\varepsilon,\delta)$ et $(\lambda',\varepsilon',\delta')$ dans l'ouvert $I_{1,i}\times I_2\times I_3$: on obtient d'abord trivialement :

$$\lambda = \lambda', \ \delta = \delta',$$

puis, en projetant l'égalité :

$$\varepsilon\phi_i + v_i(\lambda,\varepsilon,\delta) = \varepsilon'\phi_i + v_i(\lambda',\varepsilon',\delta'),$$

sur l'espace $\mathscr{N}_i$, et compte tenu que l'application v_i est à valeurs dans l'espace $\mathscr{N}_i^{\perp}$, il est tout aussi facile de déduire que $\varepsilon = \varepsilon'$, ce qui prouve l'injectivité de p_i.

D'autre part, l'équivalence des points (i) et (ii) de l'énoncé affirme précisément que l'image de l'application p_i est formée des solutions dans l'ouvert

$I_{1,i}\times(I_2\times V_i)\times I_3$ de l'équation (&), dès que l'on se restreint aux triplets $(\lambda,\varepsilon,\delta)\in I_{1,i}\times I_2\times I_3$ vérifiant (3.2-10) : la correspondance bijective entre les solutions de (3.2-10) et celles de l'équation (&) découle alors de l'injectivité de p_i.

Montrons enfin que p_i est une immersion en $(\lambda_i,0,0)$: ceci provient immédiatement de la forme explicite de la dérivée de p_i en $(\lambda_i,0,0)$, à savoir (cf. (3.2-11)-(3.2-13)) :

$$p_i'(\lambda_i,0,0)\cdot(x,\xi,y) = \{x,\xi\phi_i + \partial_\lambda v_i(\lambda_i,0,0)x + \partial_\varepsilon v_i(\lambda_i,0,0)\xi + \partial_\delta v_i(\lambda_i,0,0)y,y\} =$$

$$= \{x,\xi\phi_i + y(I-\lambda_i L)^{-1}P_iF,y\},$$

sur laquelle on s'aperçoit que $p_i'(\lambda_i,0,0)$ est injective. ■

Remarque 3.2-1 : Nous avons déjà remarqué au cours de la démonstration du Lemme 3.2-2 que l'on pouvait supposer que l'ouvert $I_{1,i}\times(I_2\times V_i)$ était contenu dans l'ouvert $\hat{W}_i$ du Lemme 3.2-1. Si l'on observe que le Lemme 3.2-1 reste vrai si l'on restreint l'ouvert $\hat{W}_i$ de façon arbitraire, on peut supposer, ce que nous ferons désormais, que :

(3.2-21) $$\hat{W}_i = I_{1,i}\times(I_2\times V_i),$$

et nous poserons :

(3.2-22) $$W_i = I_{1,i}\times I_2,$$

pour des commodités évidentes d'écriture. ■

Dorénavant, nous appelerons τ_i l'application de classe $\mathscr{C}^\infty$:

(3.2-23) $$\tau_i : (\lambda,\varepsilon,\delta)\in W_i\times I_3 \mapsto \{1-\frac{\lambda}{\lambda_i}\}\varepsilon + (\!(C\{\varepsilon\phi_i + v_i(\lambda,\varepsilon,\delta)\},\phi_i)\!) -\delta (\!(F,\phi_i)\!)\in\mathbb{R},$$

et (E) l'équation qui consiste à déterminer les triplets $(\lambda,\varepsilon,\delta)\in W_i\times I_3$ tels que :

(E) $$\tau_i(\lambda,\varepsilon,\delta) = 0.$$

Pour $\delta\in I_3$ fixé, l'équation (E_δ) correspond à la recherche des couples $(\lambda,\varepsilon)\in W_i$ vérifiant :

(E_δ) $$\tau_i(\lambda,\varepsilon,\delta) = 0,$$

de sorte que les solutions de l'équation (E_δ) s'identifient aux solutions de l'équation (E) de "cote" δ.

Avec ce nouveau vocabulaire, nous avons établi au Lemme 3.2-2 que les solutions de l'équation (&) dans l'ouvert $\hat{W}_i \times I_3$ et celles de l'équation (E) dans l'ouvert $W_i \times I_3$ se correspondent bijectivement par l'application p_i (3.2-15) (en effet, avec les notations (3.2-21) et (3.2-22), p_i est une application de l'ouvert $W_i \times I_3$ dans l'ouvert $\hat{W}_i \times I_3$). Pour $\delta \in I_3$, introduisons l'application :

$$(3.2\text{-}24) \qquad p_{i,\delta} : (\lambda,\varepsilon) \in W_i \mapsto \big(\lambda, \varepsilon\phi_i + v_i(\lambda,\varepsilon,\delta)\big) \in \hat{W}_i,$$

(de sorte que $p_{i,\delta}$ n'est autre que la projection sur $\hat{W}_i$ de l'application $p_i(\cdot,\cdot,\delta)$). Avec le Lemme 3.2-2, on vérifie trivialement que pour $\delta \in I_3$ fixé, l'application $p_{i,\delta}$ (3.2-24) réalise une bijection entre les solutions dans W_i de l'équation (E_δ) et celles, dans $\hat{W}_i$, de l'équation ($\&_\delta$). Si, par analogie avec ce qui précède, nous appelons ε-*singulières* les solutions de l'équation (E) {resp. (E_δ)} qui vérifient :

$$\partial_\varepsilon \tau_i(\lambda,\varepsilon,\delta) = 0,$$

ce résultat peut être complété de la façon suivante :

LEMME 3.2-3 : *L'application* p_i (3.2-15) {*resp.* $p_{i,\delta}$ (3.2-24)} *réalise une bijection entre les solutions* ε-*singulières de l'équation* (E) *dans* $W_i \times I_3$ {*resp.* (E_δ) *dans* W_i *pour* $\delta \in I_3$ *fixé*} *et les solutions* u-*singulières de l'équation* (&) *dans* $\hat{W}_i \times I_3$ {*resp.* ($\&_\delta$) *dans* $\hat{W}_i$}.

Démonstration : Soit $(\lambda,\varepsilon,\delta)$ une solution ε-singulière de l'équation (E). Avec (3.2-23), le calcul de la dérivée $\partial_\varepsilon \tau_i$ montre que :

$$(3.2\text{-}25) \qquad 1 - \frac{\lambda}{\lambda_i} + \Big(\Big(C'\big(\varepsilon\phi_i + v_i(\lambda,\varepsilon,\delta)\big) \cdot \big(\phi_i + \partial_\varepsilon v_i(\lambda,\varepsilon,\delta)\big), \phi_i \Big)\Big) = 0,$$

soit, grâce à l'expression (3.2-13) de la dérivée $\partial_\varepsilon v_i$:

$$(3.2\text{-}26) \qquad 1 - \frac{\lambda}{\lambda_i} + \Big(\Big(C'\big(\varepsilon\phi_i + v_i(\lambda,\varepsilon,\delta)\big) \cdot \big\{\phi_i + \theta_i\big(\lambda, \varepsilon\phi_i + v_i(\lambda,\varepsilon,\delta)\big)\big\}, \phi_i \Big)\Big) = 0.$$

Or, d'après le Lemme 3.2-1, ceci signifie précisément que la solution :

$$p_i(\lambda,\varepsilon,\delta) = \varepsilon\phi_i + v_i(\lambda,\varepsilon,\delta),$$

de l'équation (&) est u-singulière.

Réciproquement, si $(\lambda,u,\delta)\in \hat{W}_i\times I_3$ est solution de l'équation (&), on a :

$$(\lambda,u,\delta) = p_i(\lambda,\varepsilon,\delta),$$

avec $\varepsilon = ((u,\phi_i))$ d'après le Lemme 3.2-2. Si de plus (λ,u,δ) est u-singulière, la relation (3.2-26) a lieu grâce au Lemme 3.2-1 et donc aussi (3.2-25) grâce à (3.2-13) : ceci signifie que $(\lambda,\varepsilon,\delta)\in W_i\times I_3$ est solution ε-singulière de l'équation (E) et la démonstration est terminée. L'adaptation aux équations $(\&_\delta)$ et (E_δ) est immédiate. ■

Avec les Lemmes 3.2-1 à 3.2-3, nous venons de voir que l'étude des solutions, et plus particulièrement des solutions u-singulières, de l'équation (&) dans l'ouvert $\hat{W}_i\times I_3$ (resp. $(\&_\delta)$ dans l'ouvert $\hat{W}_i$ pour $\delta\in I_3$ fixé) se ramène à l'étude des solutions, et plus particulièrement des solutions ε-singulières, de l'équation (E) dans l'ouvert $W_i\times I_3$ (resp. (E_δ) dans l'ouvert W_i).

Remarque 3.2-2 : On vérifiera sans difficulté que les propriétés de ce paragraphe restent valables si l'on restreint de façon arbitraire les intervalles $I_{1,i}$, I_2 et I_3, *le voisinage ouvert* V_i *de* 0 *dans l'espace* $\mathcal{N}^1_i$ *étant inchangé* : nous avons donc la liberté de réduire si nécessaire l'ouvert $W_i\times I_3$ (et par là même l'ouvert $\hat{W}_i\times I_3$) tout en préservant les résultats établis. Cette remarque nous permettra de transcrire sans peine les conclusions des deux prochains paragraphes au problème initial. ■

3.3. ÉTUDE DES SOLUTIONS ε-SINGULIÈRES DES ÉQUATIONS (E) ET (E_δ):

Nous allons ici effectuer l'étude des solutions ε-singulières de l'équation (E), c'est-à-dire déterminer l'ensemble des triplets $(\lambda,\varepsilon,\delta)\in W_i\times I_3$ tels que l'on ait simultanément :

(3.3-1)
$$\begin{cases} \tau_i(\lambda,\varepsilon,\delta) = 0, \\ \partial_\varepsilon \tau_i(\lambda,\varepsilon,\delta) = 0. \end{cases}$$

Pour cela, nous introduirons l'application de classe $\mathscr{C}^\infty$:

(3.3-2) $$T_i : W_i \times I_3 \to \mathbb{R}^2,$$

définie par :

(3.3-3) $$T_i = (\tau_i, \partial_\varepsilon \tau_i),$$

de sorte que le système (3.3-1) s'écrit indifféremment :

(3.3-4) $$T_i(\lambda, \varepsilon, \delta) = 0.$$

LEMME 3.3-1 : *Quitte à restreindre l'ouvert* $W_i \times I_3 (= I_{1,i} \times I_2 \times I_3)$, *l'ensemble des solutions du système* (3.3-1) *dans l'ouvert* $W_i \times I_3$ *est une courbe de classe* $\mathscr{C}^\infty$ *paramétrée par* ε *dès que l'on suppose que la condition :*

(3.3-5) $$F \notin \mathscr{N}_i^1 \quad \big(\text{i.e. } ((F, \phi_i)) \neq 0\big)$$

est réalisée.

Démonstration : Supposons que la condition (3.3-5) est réalisée : notre assertion va découler du fait que l'application T_i (3.3-4) est une submersion en $(\lambda_i, 0, 0) \in W_i \times I_3$. Un simple calcul montre que la matrice jacobienne de T_i en $(\lambda_i, 0, 0)$, à savoir :

$$\begin{pmatrix} \partial_\lambda \tau_i(\lambda_i,0,0) & \partial_\varepsilon \tau_i(\lambda_i,0,0) & \partial_\delta \tau_i(\lambda_i,0,0) \\ \partial_{\lambda\varepsilon} \tau_i(\lambda_i,0,0) & \partial_{\varepsilon\varepsilon} \tau_i(\lambda_i,0,0) & \partial_{\varepsilon\delta} \tau_i(\lambda_i,0,0) \end{pmatrix},$$

n'est autre que :

(3.3-6) $$\begin{pmatrix} 0 & 0 & -((F, \phi_i)) \\ -\frac{1}{\lambda_i} & 0 & 0 \end{pmatrix}.$$

Pour voir ceci, il suffit en effet de remarquer que les dérivées $C'(0)$ et $C''(0)$ sont nulles (cf. l'expression (2.2-24) de l'opérateur C). Avec (3.3-5), on déduit que la jacobienne (3.3-6) est de rang 2 si et seulement si la condition (3.3-5) est réalisée et dans ce cas, l'application T_i est une submersion en $(\lambda_i, 0, 0)$.

Par le théorème des fonctions implicites, on déduit que l'ensemble des solutions de l'équation (3.3-4) est, au voisinage de $(\lambda_i, 0, 0) \in W_i \times I_3$, une sous-variété de classe $\mathscr{C}^\infty$ et de dimension un (i.e., une courbe), *paramétrée par* ε *au voisinage de* 0, c'est-à-dire qu'il existe des fonctions de classe $\mathscr{C}^\infty$ au voisinage de 0 dans $\mathbb{R}$, $\tilde{\lambda}_i(\varepsilon)$ et $\tilde{\delta}_i(\varepsilon)$, telles que l'équation (3.3-4) soit équivalente aux relations :

$$(3.3\text{-}7) \qquad \lambda = \tilde{\lambda}_i(\varepsilon)\left(\tilde{\lambda}_i(0) = \lambda_i\right) \ ; \ \delta = \tilde{\delta}_i(\varepsilon)\left(\tilde{\delta}_i(0) = 0\right).$$

Quitte à restreindre le voisinage $W_i \times I_3$, nous pouvons supposer que l'équation (3.3-4) dans $W_i \times I_3$ est équivalente aux relations (3.3-7) pour $\varepsilon \in I_2$ (le fait que l'on puisse conserver à l'ouvert W_i sa structure "produit" ne présente pas de difficultés). ■

Le calcul des dérivées successives des fonctions $\tilde{\lambda}_i$ et $\tilde{\delta}_i$ à l'origine présente un intérêt essentiel. Grâce à la seconde relation (3.3-1) et grâce à la définition des applications $\tilde{\lambda}_i$ et $\tilde{\delta}_i$, le calcul (simple et déjà effectué en (3.2-25)) de la dérivée $\partial_\varepsilon \tau_i$ fournit l'identité :

$$(3.3\text{-}8) \quad 1 - \frac{\tilde{\lambda}_i(\varepsilon)}{\lambda_i} + \left(\!\left(C'\left(\varepsilon\phi_i + v_i\left(\tilde{\lambda}_i(\varepsilon),\varepsilon,\tilde{\delta}_i(\varepsilon)\right)\right)\cdot\left(\phi_i + \partial_\varepsilon v_i\left(\tilde{\lambda}_i(\varepsilon),\varepsilon,\tilde{\delta}_i(\varepsilon)\right)\right),\phi_i\right)\!\right) = 0,$$

pour tout $\varepsilon \in I_2$. En divisant cette identité par $\varepsilon^2 \neq 0$ et en remarquant que l'application $C' : H_0^2(\omega) \to \mathcal{L}\left(H_0^2(\omega),\mathbb{R}\right)$ est homogène de degré 2, il apparaît que la quantité :

$$\frac{1}{\varepsilon^2}\,\frac{\tilde{\lambda}_i(\varepsilon) - \lambda_i}{\lambda_i},$$

a une limite lorsque ε tend vers 0, qui est (cf. (3.2-11)-(3.2-14)):

$$(3.3\text{-}9) \qquad \lim_{\varepsilon\to 0} \frac{1}{\varepsilon^2}\,\frac{\tilde{\lambda}_i(\varepsilon) - \lambda_i}{\lambda_i} = \left(\!\left(C'\left(\phi_i + \tilde{\delta}'(0)(I-\lambda_i L)^{-1}P_i F\right)\cdot\phi_i,\phi_i\right)\!\right).$$

Mais, comme le montre un développement limité à l'origine, le membre de gauche de cette égalité n'est défini que si d'une part :

$$(3.3\text{-}10) \qquad \tilde{\lambda}_i'(0) = 0,$$

et d'autre part, sa valeur est alors égale à $\frac{1}{2\lambda_i}\tilde{\lambda}_i''(0)$. Ainsi :

$$(3.3\text{-}11) \qquad \lambda_i''(0) = 2\lambda_i\left(\!\left(C'\left(\phi_i + \tilde{\delta}_i'(0)(I-\lambda_i L)^{-1}P_i F\right)\cdot\phi_i,\phi_i\right)\!\right).$$

Employons la même démarche avec la première équation (3.3-1), divisée par $\varepsilon^3 \neq 0$. On obtient, puisque l'opérateur C est homogène de degré 3 et par (3.2-23) :

$$(3.3\text{-}12) \qquad \left\{ \begin{aligned} \frac{\tilde{\delta}_i(\varepsilon)}{\varepsilon^3}\left(\!\left(F,\phi_i\right)\!\right) &= -\frac{1}{\varepsilon^2}\,\frac{\tilde{\lambda}_i(\varepsilon)-\lambda_i}{\lambda_i} + \\ &+ \left(\!\left(C\left(\phi_i + \frac{1}{\varepsilon}\, v_i\left(\tilde{\lambda}_i(\varepsilon),\varepsilon,\tilde{\delta}_i(\varepsilon)\right)\right),\phi_i\right)\!\right). \end{aligned}\right.$$

Le second membre de (3.3-11) a une limite lorsque ε tend vers 0 : ceci se déduit de (3.3-9) et du fait que :

$$\lim_{\varepsilon\to 0} \frac{1}{\varepsilon} v_i\left(\tilde{\lambda}_i(\varepsilon),\varepsilon,\tilde{\delta}_i(\varepsilon)\right) = \partial_\delta v(\lambda_i,0,0)\tilde{\delta}_i'(0), \tag{3.3-13}$$

d'après (3,2-11) et (3.2-14). Puisque $(\!(F,\phi_i)\!) \neq 0$, ceci signifie que :

$$\lim_{\varepsilon\to 0} \frac{\tilde{\delta}_i(\varepsilon)}{\varepsilon^3}$$

existe. Avec un développement limité à l'origine, on voit que ceci ne peut avoir lieu lieu que si :

$$\tilde{\delta}_i'(0) = \tilde{\delta}_i''(0) = 0, \tag{3.3-14}$$

auquel cas on obtient aussi :

$$\lim_{\varepsilon\to 0} \frac{\tilde{\delta}_i(\varepsilon)}{\varepsilon^3} = \frac{1}{6}\tilde{\delta}_i^{(3)}(0). \tag{3.3-15}$$

Avec (3.3-14) et (3.3-11), on aboutit à :

$$\tilde{\lambda}_i''(0) = 2\lambda_i (\!(C'(\phi_i)\cdot\phi_i,\phi_i)\!) , \tag{3.3-16}$$

et, avec (3.3-14), (3.3-13), (3.3-9) et (3.3-12), on conclut :

$$\tilde{\delta}_i^{(3)}(0) = \frac{6}{(\!(F,\phi_i)\!)}\left[- (\!(C'(\phi_i)\cdot\phi_i,\phi_i)\!) + (\!(C(\phi_i),\phi_i)\!)\right].$$

Cette expression se simplifie encore en remarquant l'identité :

$$(\!(C'(\phi_i)\cdot\phi_i,\phi_i)\!) = 3(\!(C(\phi_i),\phi_i)\!) , \tag{3.3-17}$$

de sorte que :

$$\tilde{\delta}_i^{(3)}(0) = -12\,\frac{(\!(C(\phi_i),\phi_i)\!)}{(\!(F,\phi_i)\!)} . \tag{3.3-18}$$

De même, (3.3-16) devient :

$$\tilde{\lambda}_i''(0) = 6\lambda_i (\!(C(\phi_i),\phi_i)\!) . \tag{3.3-19}$$

En résumé, avec (3.3-10) et (3.3-19) d'une part, (3.3-14) et (3.3-18) d'autre part, nous avons obtenu :

$$\begin{cases} \tilde{\lambda}_i'(0) = 0, \\ \tilde{\lambda}_i''(0) = 6\lambda_i (\!(C(\phi_i),\phi_i)\!) , \end{cases} \tag{3.3-20}$$

(3.3-21)
$$\begin{cases} \tilde{\delta}_i'(0) = \tilde{\delta}_i''(0) = 0, \\ \tilde{\delta}_i^{(3)}(0) = -12 \dfrac{(\!(C(\phi_i),\phi_i)\!)}{(\!(F,\phi_i)\!)}. \end{cases}$$

Nous sommes maintenant en mesure de franchir une étape importante dans la résolution de notre problème.

THEOREME 3.3-1 : *On suppose que* $F \notin \mathcal{A}_i^1$ $\{$i.e., $(\!(F,\phi_i)\!) \neq 0\}$. *Alors, en restreignant éventuellement les intervalles* I_2 *et* I_3 *(donc en particulier l'ouvert* W_i*) l'équation* (E_δ) *possède, pour* $\delta \in I_3$ *fixé, exactement une solution* ε*-singulière dans l'ouvert* W_i*, notée* $\{\lambda_i^\star(\delta),\varepsilon_i^\star(\delta)\}$*. En outre, pour* $\delta = 0$*, on a :*

(3.3-22)
$$\lambda_i^\star(0) = \lambda_i, \quad \varepsilon_i^\star(0) = 0,$$

tandis que pour $\delta \in I_3 \setminus \{0\}$*, on a :*

(3.3-23)
$$\lambda_i^\star(\delta) > \lambda_i, \quad \operatorname{sgn} \varepsilon_i^\star(\delta) = \operatorname{sgn}\{-\delta(\!(F,\phi_i)\!)\}.$$

Démonstration : Grâce aux propriétés de l'opérateur C établies au paragraphe 2.2 $\{$plus précisément, le Lemme 2.2-6 (i)$\}$, on sait que

(3.3-24)
$$(\!(C(\phi_i),\phi_i)\!) > 0.$$

L'application $\tilde{\delta}_i$ précédente vérifie donc $\{$avec (3.3-21)$\}$

$$\tilde{\delta}_i^{(3)}(0) \neq 0,$$

et un développement limité à l'origine montre alors que l'on peut écrire :

(3.3-25)
$$\tilde{\delta}_i(\varepsilon) = \frac{1}{6}\tilde{\delta}_i^{(3)}(0)\varepsilon^3\{1 + R(\varepsilon)\},$$

où R est une fonction de classe $\mathcal{C}^\infty$ de I_2 dans $\mathbb{R}$ vérifiant :

(3.3-26)
$$R(\varepsilon) = O(\varepsilon),$$

au voisinage de $\varepsilon = 0$.

La caractérisation de l'application $\tilde{\delta}_i$ (Lemme 3.3-1) montre que la recherche des solutions ε-singulières de l'équation (E_δ) dans W_i ($\delta \in I_3$ fixé) équivaut à résoudre l'équation :

$$\tilde{\delta}_i(\varepsilon) = \delta,$$

soit, avec (3.3-25) et l'expression (3.3-21) de $\tilde{\delta}_i^{(3)}(0)$:

$$\varepsilon^3(1+R(\varepsilon)) = \frac{-\delta(\!(F,\phi_i)\!)}{2(\!(C(\phi_i),\phi_i)\!)} . \qquad (3.3\text{-}27)$$

Or, la fonction $\varepsilon^3\{1+R(\varepsilon)\}$ est strictement croissante au voisinage de $\varepsilon = 0$ puisque:

$$\varepsilon^3\{1+R(\varepsilon)\} = \{g(\varepsilon)\}^3,$$

où la fonction g, de classe $\mathscr{C}^\infty$, est définie par :

$$g(\varepsilon) = \varepsilon\{1+R(\varepsilon)\}^{\frac{1}{3}},$$

formule sur laquelle il est immédiat, en calculant $g'(0)$ $\{g'(0)=1\}$, de voir que g, donc $(g)^3$, est strictement croissante au voisinage de $\varepsilon = 0$. Par suite, pour ε et δ assez petits, conditions que l'on peut supposer être $\varepsilon \in I_2$ et $\delta \in I_3$, l'équation (3.3-27) possède une solution unique, notée $\varepsilon_i^\star(\delta)$, vérifiant $\{$cf. (3.3-24)$\}$:

$$\operatorname{sgn} \varepsilon_i^\star(\delta) = \operatorname{sgn}\{-\delta(\!(F,\phi_i)\!)\}.$$

La solution ε-singulière correspondante de l'équation (E_δ) est, d'après la caractérisation de l'application $\tilde{\lambda}_i$, le couple :

$$\{\tilde{\lambda}_i(\varepsilon_i^\star(\delta)),\ \varepsilon_i^\star(\delta)\},$$

et notre assertion est prouvée avec $\lambda_i^\star(\delta) = \tilde{\lambda}_i\{\varepsilon_i^\star(\delta)\}$. Utilisant (3.3-20) pour un développement limité de la fonction $\tilde{\lambda}_i$ au voisinage de $\varepsilon = 0$:

$$\tilde{\lambda}_i(\varepsilon) = \lambda_i + 3\lambda_i(\!(C(\phi_i),\phi_i)\!)\,\varepsilon^2 + O(\varepsilon^3),$$

on s'aperçoit que l'intervalle I_2 peut être choisi assez petit pour que le signe de la différence $\tilde{\lambda}(\varepsilon)-\lambda_i$ soit celui de :

$$3\lambda_i(\!(C(\phi_i),\phi_i)\!)\,\varepsilon^2,$$

soit, avec (3.3-24) et puisque la valeur caractéristique λ_i est >0 (Lemme 2.3-1) :

$$\tilde{\lambda}_i(\varepsilon)-\lambda_i > 0,$$

pour tout $\varepsilon \in I_2$, d'où le résultat avec $\varepsilon = \varepsilon_i^\star(\delta)$. ■

Remarque 3.3-1 : Dans le Théorème 3.3-1, les intervalles I_2 et I_3 peuvent être choisis de mesure inférieure à toute constante positive fixée, donc dans un certain sens arbitrairement petite, bien qu'il y ait une *interdépendance dans la façon de restreindre* I_2 *et* I_3(on remarquera cependant que l'intervalle I_3 peut être restreint arbitrairement). ■

On peut encore compléter le Théorème 3.3-1 ; pour cela, nous aurons besoin de la définition suivante :

Définition : *Soit* $\delta \in I_3$ *et* $(\lambda_i^\star(\delta), \varepsilon_i^\star(\delta)) \in W_i$ *la solution* ε*-singulière de l'équation* (E_δ) *correspondante (Théorème* 3.3-1*). On dit que* $(\lambda_i^\star(\delta), \varepsilon_i^\star(\delta))$ *est un point de retournement non dégénéré de l'équation* (E_δ) *si :*

(3.3-28) $$\partial_\lambda \tau_i(\lambda_i^\star(\delta), \varepsilon_i^\star(\delta), \delta) \neq 0,$$

(3.3-29) $$\partial_{\varepsilon\varepsilon} \tau_i(\lambda_i^\star(\delta), \varepsilon_i^\star(\delta), \delta) \neq 0,$$ ■

THEOREME 3.3-2 : *Avec les mêmes hypothèses qu'au théorème précédent, et en restreignant au besoin les intervalles* I_2 *et* I_3*, la solution* ε*-singulière de l'équation* (E_δ), $(\lambda_i^\star(\delta), \varepsilon_i^\star(\delta)) \in W_i$*, est un point de retournement non dégénéré de cette équation pour* $\delta \in I_3 \setminus \{0\}$*. Plus précisément :*

(3.3-30) $$\operatorname{sgn} \partial_\lambda \tau_i(\lambda_i^\star(\delta), \varepsilon_i^\star(\delta), \delta) = \operatorname{sgn} \{\delta (\!(F, \phi_i)\!)\},$$

(3.3-31) $$\operatorname{sgn} \partial_{\varepsilon\varepsilon} \tau_i(\lambda_i^\star(\delta), \varepsilon_i^\star(\delta), \delta) = \operatorname{sgn}\{-\delta (\!(F, \phi_i)\!)\}.$$

Démonstration : La possibilité de restreindre les intervalles I_2 et I_3 a été signalée à la Remarque 3.3-1. Ceci étant, un développement limité à l'origine et les relations (3.3-20)-(3.3-21) permettent d'écrire :

$$\tilde{\lambda}_i'(\varepsilon) = \tilde{\lambda}_i''(0)\varepsilon + O(\varepsilon^2),$$
$$\tilde{\delta}_i'(\varepsilon) = \frac{1}{2}\tilde{\delta}^{(3)}(0)\varepsilon^2 + O(\varepsilon^3),$$

de sorte que l'on peut supposer que l'intervalle I_2 est assez petit pour que :

(3.3-32) $$\tilde{\lambda}_i'(\varepsilon) \neq 0, \ \tilde{\delta}_i'(\varepsilon) \neq 0,$$

pour tout $\varepsilon \in I_2 \setminus \{0\}$ avec plus précisément :

(3.3-33) $$\operatorname{sgn} \tilde{\lambda}_i'(\varepsilon) = \operatorname{sgn} \{\tilde{\lambda}_i''(0)\varepsilon\},$$

(3.3-34) $$\operatorname{sgn} \tilde{\delta}_i'(\varepsilon) = \operatorname{sgn} \{\tilde{\delta}_i^{(3)}(0)\}.$$

Les fonctions $\tilde{\lambda}_i$ et $\tilde{\delta}_i$ sont caractérisées (Lemme 3.3-1) par les identités :

(3.3-35) $$\tau_i\{\tilde{\lambda}_i(\varepsilon),\varepsilon,\tilde{\delta}_i(\varepsilon)\} = 0,$$

(3.3-36) $$\partial_\varepsilon\tau_i\{\tilde{\lambda}_i(\varepsilon),\varepsilon,\tilde{\delta}_i(\varepsilon)\} = 0.$$

En dérivant (3.3-35) et avec (3.3-36), on obtient :

(3.3-37) $$\partial_\lambda\tau_i\{\tilde{\lambda}_i(\varepsilon),\varepsilon,\tilde{\delta}_i(\varepsilon)\} = -\partial_\delta\tau_i\{\tilde{\lambda}_i(\varepsilon),\varepsilon,\tilde{\delta}_i(\varepsilon)\}\,\frac{\tilde{\delta}_i'(\varepsilon)}{\tilde{\lambda}_i'(\varepsilon)}$$

pour $\varepsilon \neq 0$ dans I_2. La dérivée $\partial_\delta\tau_i(\lambda_i,0,0)$ a déjà été calculée et vaut :

$$\partial_\delta\tau_i(\lambda_i,0,0) = -((F,\phi_i)) \neq 0.$$

Par continuité, on peut supposer que l'intervalle I_2 est assez petit pour que :

$$\text{sgn}\left(-\partial_\delta\tau_i(\tilde{\lambda}_i(\varepsilon),\varepsilon,\tilde{\delta}_i(\varepsilon))\right) = \text{sgn}\,((F,\phi_i)),$$

pour $\varepsilon \in I_2$. Alors, avec (3.3-33), (3.3-34) et (3.3-37), on obtient :

$$\text{sgn}\left(\partial_\lambda\tau_i(\tilde{\lambda}_i(\varepsilon),\varepsilon,\tilde{\delta}_i(\varepsilon))\right) = \text{sgn}\,((F,\phi_i))\ \text{sgn}\left(\frac{\tilde{\delta}_i^{(3)}(0)\varepsilon}{\tilde{\lambda}_i''(0)}\right),$$

ce qui fournit, avec (3.3-20) et (3.3-21) (puisque $\lambda_i > 0$ d'après le Lemme 2.3-1) :

$$\text{sgn}\left(\partial_\lambda\tau_i(\tilde{\lambda}_i(\varepsilon),\varepsilon,\tilde{\delta}_i(\varepsilon))\right) = -\,\text{sgn}\,\varepsilon,$$

pour $\varepsilon \in I_2 \setminus \{0\}$. Pour $\delta \in I_3$ fixé, $\delta \neq 0$, si $(\lambda_i^\star(\delta),\varepsilon_i^\star(\delta))$ désigne la solution ε-singulière de l'équation (E_δ) correspondante, cette dernière relation devient précisément:

$$\text{sgn}\left(\partial_\lambda\tau_i(\lambda_i^\star(\delta),\varepsilon_i^\star(\delta),\delta)\right) = -\,\text{sgn}\,\varepsilon_i^\star(\delta) = \text{sgn}\,(\delta((F,\phi_i))),$$

d'après (3.3-23).

De la même façon, dérivons (3.3-36) et divisons par $\varepsilon \neq 0$ l'identité obtenue.

Il vient :

(3.3-38) $$\left\{\begin{aligned} \frac{1}{\varepsilon}\,\partial_{\varepsilon\varepsilon}\tau_i(\tilde{\lambda}_i(\varepsilon),\varepsilon,\tilde{\delta}_i(\varepsilon)) = -\Big[&\partial_{\lambda\varepsilon}\tau_i\{\tilde{\lambda}_i(\varepsilon),\varepsilon,\tilde{\delta}_i(\varepsilon)\}\,\frac{\tilde{\lambda}_i'(\varepsilon)}{\varepsilon} + \\ &+ \partial_{\delta\varepsilon}\tau_i\{\tilde{\lambda}_i(\varepsilon),\varepsilon,\tilde{\delta}_i(\varepsilon)\}\,\frac{\tilde{\delta}_i'(\varepsilon)}{\varepsilon}\Big]. \end{aligned}\right.$$

Grâce aux relations (3.3-20)-(3.3-21), le membre de droite de cette expression converge, pour ε tendant vers 0, vers

$$-\,\partial_{\lambda\varepsilon}\tau_i(\lambda_i,0,0)\tilde{\lambda}_i''(0).$$

Avec (3.3-20) et l'expression déjà calculée de $\partial_{\lambda\varepsilon}\tau_i(\lambda_i,0,0)$ $\{$à savoir $\partial_{\lambda\varepsilon}\tau_i(\lambda_i,0,0) = -\frac{1}{\lambda_i}\}$, le membre de droite converge vers $6((C(\phi_i),\phi_i)) > 0$ et on peut donc supposer que pour $\varepsilon \in I_2 \setminus \{0\}$, on a :

$$\frac{1}{\varepsilon}\, \partial_{\varepsilon\varepsilon}\tau_i\left(\tilde{\lambda}_i(\varepsilon),\varepsilon,\tilde{\delta}(\varepsilon)\right) > 0,$$

ce qui entraîne :

$$\operatorname{sgn}\left(\partial_{\varepsilon\varepsilon}\tau_i\left(\tilde{\lambda}_i(\varepsilon),\varepsilon,\tilde{\delta}_i(\varepsilon)\right)\right) = \operatorname{sgn} \varepsilon.$$

Avec (3.3-23), pour $\delta \in I_3 \setminus \{0\}$ fixé, et si $\left(\lambda_i^{\star}(\delta),\varepsilon_i^{\star}(\delta)\right)$ désigne la solution ε-singulière de l'équation (E_δ), on conclut que :

$$\operatorname{sgn}\left(\partial_{\varepsilon\varepsilon}\tau_i\left(\lambda_i^{\star}(\delta),\varepsilon_i^{\star}(\delta),\delta\right)\right) = \operatorname{sgn}\left(-\delta(\!(F,\phi_i)\!)\right).$$ ■

Remarque 3.3-2 : Le Théorème 3.3-2 est naturellement faux pour $\delta = 0$ puisque :

$$\partial_\lambda \tau_i(\lambda_i,0,0) = \partial_{\varepsilon\varepsilon}\tau_i(\lambda_i,0,0) = 0.$$

En réalité, on remarque que le Hessien en $(\lambda_i,0)$ de l'application

$$\tau_i(\cdot,\cdot,0),$$

est <0 $\left(\text{plus précisément, } \operatorname{Hess}_{(\lambda_i,0)}\left(\tau_i(\cdot,\cdot,0)\right) = -\left(\frac{1}{\lambda_i}\right)^2\right)$, ce qui, grâce au *Lemme de Morse*, prouve que l'ensemble des solutions de l'équation (E_0) au voisinage de $(\lambda_i,0)$ est constitué de *deux courbes de classe* $\mathscr{C}^\infty$ *transverses* (i.e., ayant un contact d'ordre 0) *en* $(\lambda_i,0)$ et ceci signifie que $(\lambda_i,0) \in W_i$ est un *point de bifurcation* pour l'équation (E_0). Si l'on remarque en outre que l'application v_i déterminée au Lemme 3.2-2 vérifie :

(3.3-39) $$v_i(\lambda,0,0) = 0 \in \mathscr{N}_i^1,$$

pour $\lambda \in I_{1,i}$ (puisque v_i est déterminée de manière unique et que la valeur $v = v_i(\lambda,0,0) = 0$ vérifie l'équation (3.2-19)), on s'aperçoit facilement que l'une des deux courbes $\mathscr{C}^\infty$ formant l'ensemble des solutions de l'équation (E_0) est la *branche triviale* $(\lambda,0) \in W_i$.

Utilisant le fait que l'application p_i (3.2-15) qui transforme les solutions de l'équation (E) en les solutions de l'équation $(\mathscr{E})$ est une immersion en $(\lambda_i,0,0)$, on déduit que l'application $p_{i,o}$ (cf. (3.2-24)) qui transforme les solutions de l'équation (E_0) en les solutions de l'équation $(\mathscr{E}_0)$ est une immersion en $(\lambda_i,0)$ et par suite que l'ensemble des solutions de l'équation $(\mathscr{E}_0)$ au voisinage du point $(\lambda_i,0) \in \hat{W}_i$ est formé de *deux courbes de classe* $\mathscr{C}^\infty$ *transverses en* $(\lambda_i,0) \in \hat{W}_i$. On retrouve ainsi, par un argument différent, le fait que $(\lambda_i,0)\in\hat{W}_i$ est un *point de bifurcation* pour l'équation $(\mathcal{E}_0)$. Cette approche, plus élégante que la méthode de Lyapunov-Schmidt (paragraphe 2.5), n'est, à l'inverse de cette dernière, pas constructive (ce qui justifie l'exposé de la méthode de Lyapunov-Schmidt au chapitre précédent). ■

Comme nous venons de le voir à la Remarque 3.3-2, le point $(\lambda_i,0)\in W_i$ est un point de bifurcation pour l'équation (E_0), celle-ci ayant lieu par rapport à la "branche triviale" $\{(\lambda,0),\ \lambda\in I_{1,i}\}$. Nous pouvons encore préciser que (comme pour l'équation $(\mathcal{E}_0)$), la bifurcation a lieu "à droite", c'est-à-dire que dans W_i, les solutions non triviales n'apparaissent que pour $\lambda>\lambda_i$. Ceci peut s'obtenir immédiatement à l'aide de l'application p_i (3.2-15) puisque cette propriété a été établie pour l'équation $(\mathcal{E}_0)$ au paragraphe 2.5 et puisque l'application $p_{i,o}$ (cf. (3.2-24)) réalise une bijection entre les solutions des équations (E_0) et $(\mathcal{E}_0)$. On peut également donner une démonstration directe simple : l'équation (E_0) s'écrit :

$$\left(1-\frac{\lambda}{\lambda_i}\right)\varepsilon + (\!(C\left(\varepsilon\phi_i + v_i(\lambda,\varepsilon,0)\right),\phi_i)\!) = 0,$$

soit, par homogénéité de l'opérateur C et pour $\varepsilon\neq 0$:

$$\text{(3.3-40)}\qquad \left(1-\frac{\lambda}{\lambda_i}\right) + \varepsilon^2 (\!(C\left(\phi_i + \frac{v_i(\lambda,\varepsilon,0)}{\varepsilon}\right),\phi_i)\!) = 0.$$

Grâce à (3.3-39), on a :

$$\lim_{\varepsilon\to o}\frac{v_i(\lambda,\varepsilon,0)}{\varepsilon} = \partial_\lambda v_i(\lambda,0,0),$$

et, par continuité de l'application $\partial_\lambda v_i$ et (3.2-11) (i.e. $\partial_\lambda v_i(\lambda_i,0,0) = 0$), on voit que pour λ assez proche de λ_i et ε assez proche de 0, conditions que l'on peut supposer être $(\lambda,\varepsilon)\in W_i$, la quantité :

$$(\!(C\left(\phi_i + \frac{v_i(\lambda,\varepsilon,0)}{\varepsilon}\right),\phi_i)\!)\ ,$$

a le même signe que $(\!(C(\phi_i),\phi_i)\!)$, c'est-à-dire *positif*. Par suite, l'équation (3.3-40) n'a de sens que pour $\lambda>\lambda_i$, et la bifurcation a bien lieu "à droite".

Ainsi, l'ensemble des solutions de l'équation (E_0) dans W_i peut se représenter de la manière suivante :

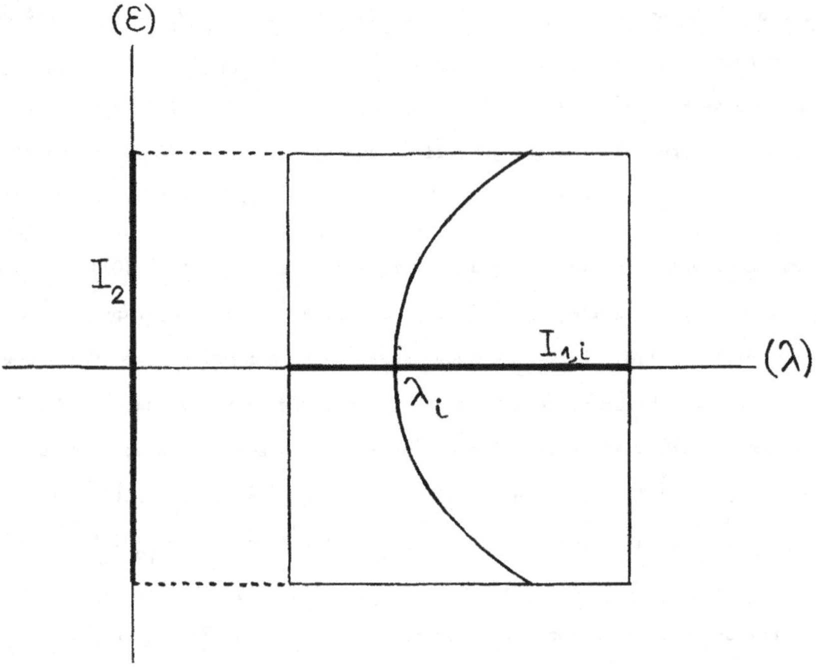

fig. 3.3-1

Partant de la représentation de l'ensemble des solutions de l'équation (E_0) dans W_i sur la figure 3.3-1, le Théorème 3.3-2 permet de donner un premier élément de réponse à l'allure de l'ensemble des solutions de l'équation (E_δ) pour $\delta \in I_3 \setminus \{0\}$. En effet, le Théorème 3.3-1 permet déjà de placer l'unique solution ε-singulière $\left(\lambda_i^\star(\delta), \varepsilon_i^\star(\delta)\right) \in W_i$ $\left(\lambda_i^\star(\delta)\right.$ à droite de λ_i, le signe de $\varepsilon_i^\star(\delta)$ dépendant du signe de δ selon (3.3-23)$\left.\right)$ *et la caractérisation comme point de retournement non dégénéré de* $\left(\lambda_i^\star(\delta), \varepsilon_i^\star(\delta)\right)$ *permet également de déterminer l'ensemble des solutions de l'équation* (E_δ) *au voisinage de* $\left(\lambda_i^\star(\delta), \varepsilon_i^\star(\delta)\right)$ *dans* W_i. Précisons ce point : puisque $\partial_\lambda \tau_i\left(\lambda_i^\star(\delta), \varepsilon_i^\star(\delta), \delta\right) \neq 0$, le théorème des fonctions implicites prouve qu'au voisinage de $\left(\lambda_i^\star(\delta), \varepsilon_i^\star(\delta)\right)$ dans W_i, l'ensemble des solutions de l'équation (E_δ) est donné par une fonction de classe $\mathscr{C}^\infty$: $\lambda_{i,\delta}(\varepsilon)$, vérifiant

(3.3-41) $$\lambda_{i,\delta}\left(\varepsilon_i^\star(\delta)\right) = \lambda_i^\star(\delta).$$

En dérivant l'identité :

$$\tau_i\big(\lambda_{i,\delta}(\varepsilon),\varepsilon,\delta\big) = 0,$$

par rapport à ε, on obtient :

(3.3-42) $$\partial_\lambda \tau_i\big(\lambda_{i,\delta}(\varepsilon),\varepsilon,\delta\big)\lambda'_{i,\delta}(\varepsilon) + \partial_\varepsilon \tau_i\big(\lambda_{i,\delta}(\varepsilon),\varepsilon,\delta\big) = 0.$$

En particulier, pour $\varepsilon = \varepsilon_i^\star(\delta)$, on a (par définition d'une solution ε-singulière et (3.3-41)) :

$$\partial_\varepsilon \tau_i\big(\lambda_i^\star(\delta),\varepsilon_i^\star(\delta),\delta\big) = 0,$$

et (3.3-42) prouve que (puisque $\partial_\lambda \tau\ \big(\lambda_i^\star(\delta),\varepsilon_i^\star(\delta),\delta\big) \neq 0$ d'après le Théorème 3.3-2 et (3.3-28)) :

(3.3-43) $$\lambda_i'\big(\varepsilon_i^\star(\delta)\big) = 0.$$

En dérivant à nouveau (3.3-42) et en tenant compte de (3.3-43), on trouve :

$$\lambda''_{i,\delta}\big(\varepsilon_i^\star(\delta)\big) = -\frac{\partial_{\varepsilon\varepsilon}\tau_i\big(\lambda_i^\star(\delta),\varepsilon_i^\star(\delta),\delta\big)}{\partial_\lambda \tau_i\big(\lambda_i^\star(\delta),\varepsilon_i^\star(\delta),\delta\big)},$$

ce qui, avec (3.3-30) et (3.3-31), montre l'inégalité :

$$\lambda''_{i,\delta}\big(\varepsilon_i^\star(\delta)\big) > 0.$$

Par suite, $\lambda''_{i,\delta}(\varepsilon) > 0$ au voisinage de $\varepsilon_i^\star(\delta)$ et la fonction $\lambda_{i,\delta}(\cdot)$ y est strictement convexe, atteignant (d'après (3.3-43)) un minimum (strict) en $\varepsilon_i^\star(\delta)$. Nous avons donc la représentation suivante :

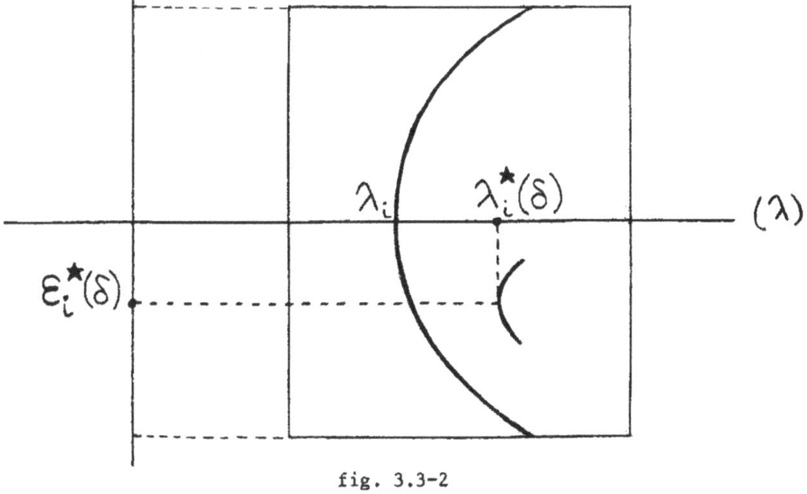

fig. 3.3-2

Bien entendu, la figure 3.3-2 *ne représente pas la totalité de l'ensemble des solutions de l'équation* (E_δ) *dans* W_i mais seulement la partie voisine du point de retournement $\{\lambda_i^\star(\delta),\varepsilon_i^\star(\delta)\}$; cependant, ceci constitue une étape essentielle dans l'étude du nombre de solutions de l'équation (E_δ) pour $\delta\in I_3$ fixé et $\lambda\in I_{1,i}$ fixé que nous allons maintenant aborder.

3.4. DÉTERMINATION DE L'ENSEMBLE DES SOLUTIONS DE L'ÉQUATION (E_δ)

Dans tout ce qui précède, on peut naturellement supposer que l'intervalle I_2 est *borné* et que l'application τ_i est définie sur l'ensemble $I_{1,i}\times\overline{I}_2\times I_3$. Puisque $C'(0) = 0\in\mathcal{L}(H_0^2(\omega))$ et $C''(0) = 0\in\mathcal{L}_2(H_0^2(\omega))$, un simple calcul montre avec (3.2-14) que

$$\partial_\varepsilon\tau_i(\lambda_i,0,0) = \partial_{\varepsilon\varepsilon}\tau_i(\lambda_i,0,0) = 0, \tag{3.4-1}$$

$$\partial_{\varepsilon\varepsilon\varepsilon}\tau_i(\lambda_i,0,0) = 6(\!(C(\phi_i),\phi_i)\!) > 0. \tag{3.4-2}$$

En conséquence, un développement de Taylor à l'origine de la fonction $\tau_i(\lambda_i,\cdot,0)$ prouve que si l'intervalle I_2 est choisi assez petit, l'équation, posée dans *l'intervalle compact* $\overline{I}_2$:

$$\tau_i(\lambda_i,\varepsilon,0) = 0, \tag{3.4-3}$$

ne possède que la solution $\varepsilon = 0$. Si ∂I_2 désigne l'ensemble réduit à deux points $\overline{I}_2\setminus I_2$, on en conclut facilement qu'en restreignant éventuellement les intervalles $I_{1,i}$ et I_3, l'équation (E_δ), $\delta\in I_3$ fixé, ne possède aucune solution dans l'ensemble $I_{1,i}\times\partial I_2$. *Lorsque ces propriétés sont vérifiées, ce que nous supposerons désormais systématiquement, nous dirons que le voisinage* $W_i\times I_3 (= I_{1,i}\times I_2\times I_3)$ *est adapté*. On remarquera que la propriété d'adaptation persiste si les intervalles $I_{1,i}$ et I_3 sont restreints de façon arbitraire et que *les résultats du paragraphe précédent peuvent tous être énoncés dans un voisinage* $W_i\times I_3$ *adapté* (ce que nous supposerons également par la suite).

Pour mettre en évidence la notion de voisinage adapté, on peut se reporter aux figures 3.4-1a et 3.4-1b ci-après. Sur la première, il apparaît clairement que le voisinage $W_i \times I_3$ ne pourra jamais être adapté compte-tenu du choix des intervalles $I_{1,i}$ et I_2 alors que sur la seconde, l'ouvert $W_i \times I_3$ sera adapté si l'intervalle I_3 est assez petit.

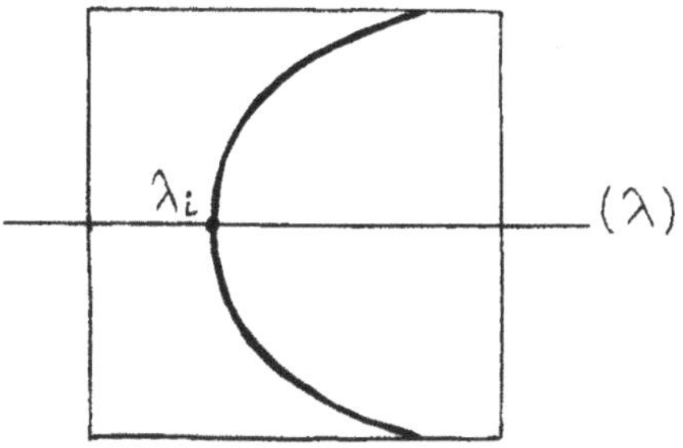

fig. 3.4-1a

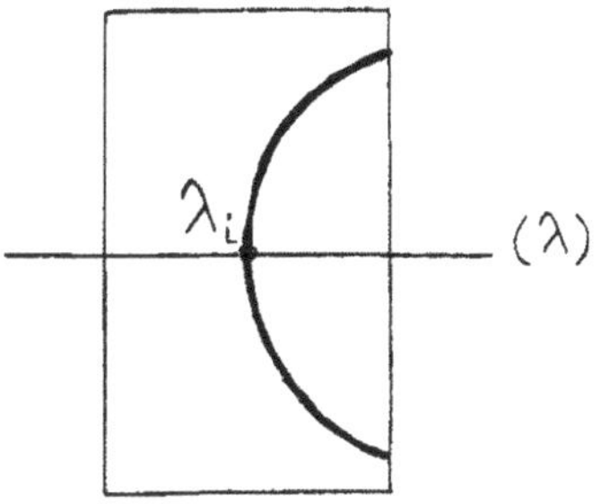

fig. 3.4-1b

Pour $\delta \in I_3$ et $\lambda \in I_{1,i}$, définissons l'ensemble :

(3.4-4) $$\mathcal{S}(\lambda,\delta) = \{\varepsilon \in I_2 \ ; \ \tau_i(\lambda,\varepsilon,\delta) = 0\}.$$

Lorsque le voisinage $W_i \times I_3$ est adapté, l'ensemble $\mathcal{S}(\lambda,\delta)$ possède la propriété suivante : Pour tout $\delta \in I_3$ et tout $\lambda \in I_{1,i}$ tel que $\lambda \neq \lambda_i^\star(\delta)$, *l'ensemble* $\mathcal{S}(\lambda,\delta)$ *est fini*. En effet, il est *discret* grâce au théorème d'inversion locale puisque :

(3.4-5) $$\{\lambda \neq \lambda_i^\star(\delta),\ \varepsilon \in \mathcal{S}(\lambda,\delta)\} \Rightarrow \partial_\varepsilon \tau_i(\lambda,\varepsilon,\delta) \neq 0,$$

et il est *compact* puisqu'il coïncide avec l'ensemble (fermé et borné) :

$$\{\varepsilon \in \overline{I}_2 \ ; \ \tau_i(\lambda,\varepsilon,\delta) = 0\}.$$

Pour $\delta \in I_3$, $\lambda \neq \lambda_i^\star(\delta)$, on peut donc considérer

$$\operatorname{Card} \mathcal{S}(\lambda,\delta) \in \mathbb{N}.$$

Définissons les deux sous-intervalles ouverts :

(3.4-6) $$I^-_{1,i}(\delta) = \{\lambda \in I_{1,i};\ \lambda < \lambda^*_i(\delta)\},$$

(3.4-7) $$I^+_{1,i}(\delta) = \{\lambda \in I_{1,i};\ \lambda > \lambda^*_i(\delta)\},$$

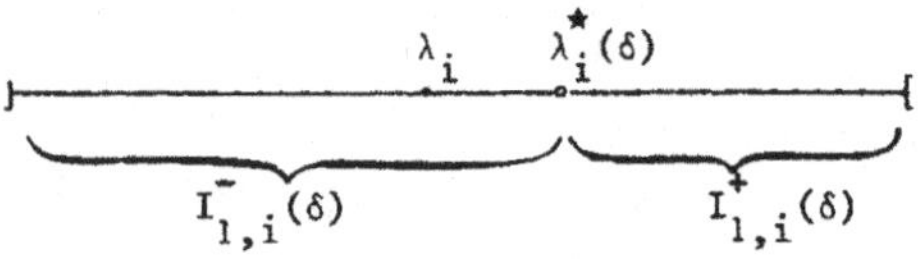

fig. 3.4-2

de sorte que :

(3.4-8) $$I_{1,i} = I^-_{1,i}(\delta) \cup \{\lambda^*_i(\delta)\} \cup I^+_{1,i}(\delta),$$

pour tout $\delta \in I_3$.

LEMME 3.4-1 : *Le voisinage* $W_i \times I_3$ *étant adapté, soit* J_3 *un intervalle ouvert tel que* $\overline{J}_3 \subset I_3$. *Alors,* $\operatorname{Card} \mathcal{S}(\lambda,\delta)$ *est indépendant du couple* (λ,δ) *tel que* $\delta \in J_3$, $\lambda \in I^-_{1,i}(\delta)$ $\left(\textit{resp.}\ \lambda \in I^+_{1,i}(\delta)\right)$.

Démonstration : Fixons d'abord $\delta \in I_3$ et montrons que $\operatorname{Card} \mathcal{S}(\lambda,\delta)$ ne dépend pas de $\lambda \in I^-_{1,i}(\delta)$: il suffit de montrer que $\operatorname{Card} \mathcal{S}(\lambda,\delta)$ est localement constant dans $I^-_{1,i}(\delta)$. Fixons donc $\lambda \in I^-_{1,i}(\delta)$; d'après le théorème des fonctions implicites (cf. (3.4-5)), on s'aperçoit tout de suite que

(3.4-9) $$\operatorname{Card} \mathcal{S}(\mu,\delta) \geqslant \operatorname{Card} \mathcal{S}(\lambda,\delta),$$

pour μ au voisinage de λ dès que $\operatorname{Card} \mathcal{S}(\lambda,\delta) \geqslant 1$. Si $\operatorname{Card} \mathcal{S}(\lambda,\delta) = 0$, l'inégalité (3.4-9) est triviale et est donc vraie dans tous les cas. Si l'inégalité inverse n'est pas vérifiée, il existe une suite (μ_n) convergeant vers λ telle que

(3.4-10) $$\operatorname{Card} \mathcal{S}(\mu_n,\delta) \geqslant \operatorname{Card} \mathcal{S}(\lambda,\delta) + 1.$$

Posons pour simplifier

(3.4-11) $$k = \operatorname{Card} \mathcal{S}(\lambda,\delta).$$

Alors, (3.4-10) signifie qu'il existe au moins (k+1) suites (ε_n^j), $1 \leq j \leq k+1$, telles que

$$\tau_i(\mu_n, \varepsilon_n^j, \delta) = 0,$$

avec $\varepsilon_n^j \in I_2$, $1 \leq j \leq k+1$, $n \in \mathbb{N}$ et

(3.4-12) $$\varepsilon_n^j \neq \varepsilon_n^\ell \text{ pour } 1 \leq j, \ell \leq k+1,\ j \neq \ell,\ n \in \mathbb{N}.$$

Quitte à extraire des sous-suites, on peut supposer que chacune des suites (ε_n^j) converge vers une limite $\varepsilon^j \in \overline{I}_2$ et par continuité, on conclut

$$\tau_i(\lambda, \varepsilon^j, \delta) = 0,\ 1 \leq j \leq k+1.$$

L'ouvert $W_i \times I_3$ étant adapté, on déduit qu'en réalité :

$$\varepsilon^j \in I_2,\ 1 \leq j \leq k+1,$$

c'est-à-dire que $\varepsilon^j \in \mathcal{S}(\lambda, \delta)$ pour tout $1 \leq j \leq k+1$. Avec (3.4-12) et le théorème des fonctions implicites [cf. (3.4-5)], on voit facilement que $\varepsilon^j \neq \varepsilon^\ell$ pour $1 \leq j, \ell \leq k+1$, $j \neq \ell$ (raisonner par l'absurde). Mais dans ces conditions :

$$\text{Card}\, \mathcal{S}(\lambda, \delta) \geq k+1,$$

ce qui contredit la définition de k [cf. (3.4-11)]. Ainsi, Card $\mathcal{S}(\lambda, \delta)$ est indépendant de $\lambda \in I_{1,i}^-(\delta)$ et un raisonnement identique prouve le même résultat dans $I_{1,i}^+(\delta)$.

Remarquons maintenant que l'application

$$\delta \in I_3 \longmapsto \lambda_i^\star(\delta) \in I_{1,i}$$

est continue [en effet, on a $\lambda_i^\star(\delta) = \tilde{\lambda}_i(\varepsilon_i^\star(\delta))$ où $\varepsilon_i^\star(\delta)$ est obtenu comme solution unique de l'équation $\tilde{\delta}_i(\varepsilon) = \delta$, la fonction $\tilde{\delta}_i$ étant strictement monotone dans I_2 et réalisant donc un homéomorphisme sur un voisinage ouvert de 0 contenant I_3 d'après la démonstration du Théorème 3.3-1]. L'image $\lambda_i^\star(\overline{J}_3)$ est donc un intervalle compact contenu dans l'intervalle $I_{1,i}$. Il n'est alors pas difficile de voir que l'ensemble ouvert $I_{1,i} \setminus \lambda_i^\star(\overline{J}_3)$ possède exactement deux composantes connexes, $I_{1,i}^-$ et $I_{1,i}^+$ vérifiant :

(3.4-13) $$\begin{cases} I_{1,i}^- \subset I_{1,i}^-(\delta) & \forall \delta \in \overline{J}_3, \\ I_{1,i}^+ \subset I_{1,i}^+(\delta) & \forall \delta \in \overline{J}_3. \end{cases}$$

Fixons alors λ dans l'intervalle ouvert $I^-_{1,i}$. Pour $\delta \in J_3$, on a :

$$\lambda \neq \lambda^*_i(\delta),$$

de sorte que Card $\mathscr{S}(\lambda,\delta)$ est fini et en échangeant les rôles de λ et δ dans la première partie de la démonstration, on s'aperçoit que Card $\mathscr{S}(\lambda,\delta)$ est indépendant de $\delta \in J_3$. Ainsi, pour δ et δ' dans J_3, $\lambda \in I^-_{1,i}(\delta)$ et $\lambda' \in I^-_{1,i}(\delta')$, on a successivement :

$$\text{Card}\,\mathscr{S}(\lambda,\delta) = \text{Card}\,\mathscr{S}(\mu,\delta),$$

pour $\mu \in I^-_{1,i} \subset I^-_{1,i}(\delta)$ (cf. (3.4-13)), puis

$$\text{Card}\,\mathscr{S}(\mu,\delta) = \text{Card}\,\mathscr{S}(\mu,\delta'),$$

et enfin

$$\text{Card}\,\mathscr{S}(\mu,\delta') = \text{Card}\,\mathscr{S}(\lambda',\delta'),$$

puisque $\mu \in I^-_{1,i} \subset I^-_{1,i}(\delta')$ (cf. (3.4-13)), soit par conséquent :

$$\text{Card}\,\mathscr{S}(\lambda,\delta) = \text{Card}\,\mathscr{S}(\lambda',\delta').$$

Le même raisonnement montre que Card $\mathscr{S}(\lambda,\delta)$ est indépendant de $\delta \in J_3$ et de $\lambda \in I^+_{1,i}(\delta)$. ■

THEOREME 3.4-1 : *Le voisinage* $W_i \times I_3$ *étant adapté, on a :*

$$\text{Card}\,\mathscr{S}(\lambda,\delta) = 1, \tag{3.4-14}$$

pour $\delta \in I_3$ *et* $\lambda \in I^-_{1,i}(\delta)$ $(i.e., \lambda < \lambda^*_i(\delta))$ *et*

$$\text{Card}\,\mathscr{S}(\lambda,\delta) = 3, \tag{3.4-15}$$

pour $\delta \in I_3$ *et* $\lambda \in I^+_{1,i}(\delta)$ $(i.e., \lambda > \lambda^*_i(\delta))$.

Démonstration : Soit J_3 un intervalle ouvert contenant 0 tel que $\overline{J}_3 \subset I_3$. Pour tout $\delta \in J_3$ et tout $\lambda \in I^-_{1,i}(\delta)$, on a (Lemme 3.4-1) :

$$\text{Card}\,\mathscr{S}(\lambda,\delta) = \text{Card}\,\mathscr{S}(\mu,0), \tag{3.4-16}$$

pour $\mu \in I^-_{1,i}(0)$, c'est-à-dire

$$\mu \in I_{1,i},\ \mu < \lambda_i \quad (= \lambda^*_i(0)).$$

Mais nous avons vu (cf. figure 3.3-1 et le raisonnement qui la précède) que les couples $(\mu,0)$ sont les seules solutions de l'équation (E_0) dans W_i lorsque l'on se restreint aux valeurs $\mu < \lambda_i$. En d'autres termes :

$$\mathcal{S}(\mu,0) = \{0\},$$

pour $\mu \in I_{1,i}$, $\mu < \lambda_i$. Ainsi pour ces valeurs :

$$\text{Card}\,\mathcal{S}(\mu,0) = 1,$$

et (3.4-14) résulte de (3.4-16) si l'on remarque que pour $\delta \in I_3$ fixé, on peut toujours trouver un intervalle ouvert J_3 contenant δ tel que $\overline{J}_3 \subset I_3$.

Le même raisonnement permet de ramener (3.4-15) à la démonstration de la relation

(3.4-17) $$\text{Card}\,\mathcal{S}(\mu,0) = 3,$$

pour $\mu \in I_{1,i}$, $\mu > \lambda_i$ *et on peut même,* avec le Lemme 3.4-1, *se contenter d'établir* (3.4-17) *pour des valeurs de* μ *assez voisines de* λ_i. Ceci étant, nous avons vu à la Remarque 3.3-2 que, comme application du Lemme de Morse, nous pouvions conclure que l'ensemble des solutions de l'équation (E_0) était constitué, au voisinage du point $(\lambda_i,0)$, de deux courbes de classe $\mathcal{C}^\infty$ transverses en $(\lambda_i,0)$. En outre, nous connaissons ici l'une des deux courbes, à savoir la branche triviale $(\lambda,0)$. Grâce à la transversalité, nous pouvons conclure que la seconde peut être au voisinage de $(\lambda_i,0)$ paramétrée par ε. En effet, les deux courbes sont décrites , pour t au voisinage de 0 dans $\mathbb{R}$, par :

$$\big(\lambda_\alpha(t),\varepsilon_\alpha(t)\big), \quad \alpha = 1,2 ,$$

avec $\lambda_\alpha(0) = \lambda_i$, $\varepsilon_\alpha(0) = 0$ pour $\alpha = 1,2$. La première courbe étant la branche triviale, on a $\varepsilon_1(t) = 0$ pour t au voisinage de 0 dans $\mathbb{R}$ et la *transversalité* en $(\lambda_i,0)$ des deux courbes s'exprime en écrivant

$$0 \neq \lambda_1'(0)\varepsilon_2'(0) - \lambda_2'(0)\varepsilon_1'(0) = \lambda_1'(0)\varepsilon_2'(0),$$

puisque $\varepsilon_1 \equiv 0$. Ainsi, on a $\varepsilon_2'(0) \neq 0$, ce qui prouve que la paramétrisation de la seconde courbe par ε est possible au voisinage de $(\lambda_i,0)$.

Si nous appelons $\big(\lambda_i(\varepsilon),\varepsilon\big)$ la courbe des solutions non triviales de l'équation (E_0) au voisinage de $(\lambda_i,0)$ $\big(\lambda_i(\cdot)$ étant une fonction de classe $\mathcal{C}^\infty$ vérifiant $\lambda_i(0) = \lambda_i\big)$, l'identité

$$\tau_i\big(\lambda_i(\varepsilon),\varepsilon,0\big) = 0$$

(cf. (3.2-23) pour la forme explicite de l'application τ_i) fournit après division par ε^3 (et en utilisant l'homogénéité de degré 3 de l'opérateur C) :

$$\frac{\lambda_i(\varepsilon) - \lambda_i}{\lambda_i \varepsilon^2} = \left(\!\left(C\left(\phi_i + \frac{v_i\left(\lambda_i(\varepsilon),\varepsilon,0\right)}{\varepsilon}\right),\phi_i \right)\!\right).$$

Avec (3.2-11) et (3.2-14), on voit que le second membre de cette identité converge, pour ε tendant vers 0, vers $(\!(C(\phi_i),\phi_i)\!) > 0$. Le membre de gauche converge donc également, ce qui, comme le montre un développement de Taylor à l'origine, ne peut avoir lieu que si $\lambda_i'(0) = 0$ et la limite est égale à $\lambda_i''(0)/2\lambda_i$. On en déduit immédiatement :

$$\lambda_i''(0) = 2\lambda_i (\!(C(\phi_i),\phi_i)\!) > 0,$$

et donc $\lambda_i''(\varepsilon) > 0$ au voisinage de $\varepsilon = 0$: la fonction $\lambda_i(\cdot)$ est strictement convexe au voisinage de $\varepsilon = 0$ et elle atteint (puisque $\lambda_i'(0) = 0$) un minimum en $\varepsilon = 0$. Ceci permet de conclure que pour $\mu > \lambda_i$ assez petit, l'équation :

(3.4-18) $$\lambda_i(\varepsilon) = \mu$$

possède exactement deux solutions distinctes (et évidemment non nulles !). L'ensemble $\mathcal{S}(\mu,0)$ pour $\mu > \lambda_i$ assez petit est donc constitué de la valeur $\varepsilon = 0$ et des deux valeurs précédemment trouvées comme racines de (3.4-18), d'où (3.4-17) et la démonstration est terminée. ∎

Pour que le raisonnement soit tout à fait complet, il reste à déterminer la valeur de :

$$\operatorname{Card} \mathcal{S}\left(\lambda_i^\star(\delta),\delta\right).$$

THEOREME 3.4-2 : *Avec les mêmes hypothèses qu'au théorème précédent, on a, pour* $\delta \in I_3 \setminus \{0\}$:

(3.4-19) $$\operatorname{Card} \mathcal{S}\left(\lambda_i^\star(\delta),\delta\right) = 2.$$

Démonstration : Tout d'abord, on ne peut avoir $\operatorname{Card} \mathcal{S}\left(\lambda_i^\star(\delta),\delta\right) \geq 3$. En effet, si c'était le cas, les solutions ε (en nombre ≥ 2) de l'équation

$$\tau_i\left(\lambda_i^\star(\delta),\varepsilon,\delta\right) = 0$$

($\delta \in I_3 \setminus \{0\}$ fixé) distinctes de la solution $\varepsilon_i^\star(\delta)$ correspondraient à des couples

$(\lambda_i^\star(\delta),\varepsilon)$ n'étant pas des solutions ε-singulières de l'équation (E_δ) et en appliquant le théorème des fonctions implicites, on s'apercevrait que l'ensemble $\mathscr{S}(\mu,\delta)$, pour $\mu<\lambda_i^\star(\delta)$ assez voisin de $\lambda_i^\star(\delta)$, contient au moins deux éléments, ce qui contredit (3.4-14). Donc :

$$\text{Card}\,\mathscr{S}(\lambda_i^\star(\delta),\delta) \leq 2.$$

Puisque l'ensemble $\mathscr{S}(\lambda_i^\star(\delta),\delta)$ contient l'élément $\varepsilon_i^\star(\delta)$, il suffit maintenant de voir que $\text{Card}\,\mathscr{S}(\lambda_i^\star(\delta),\delta) = 1$ est impossible pour $\delta\in I_3\setminus\{0\}$. Appelons $\varepsilon(\lambda)$ l'unique élément de l'ensemble $\mathscr{S}(\lambda,\delta)$ pour $\lambda\in I_{1,i}^-(\delta)$ $(\text{i.e. } \lambda<\lambda^\star(\delta))$. Il est immédiat que si (μ_n) est une suite de l'intervalle $I_{1,i}^-(\delta)$ qui converge vers $\lambda_i^\star(\delta)$, on peut, quitte à extraire une sous-suite, supposer que la suite $\varepsilon(\mu_n)$ converge vers une limite $\varepsilon\in\overline{I}_2$ et que

$$\tau_i(\lambda_i^\star(\delta),\varepsilon,\delta) = 0.$$

Puisque cette équation n'a pas de solution dans l'ensemble $\partial I_2 = \overline{I}_2\setminus I_2$ (adaptation du voisinage $W_i\times I_3$), on a $\varepsilon\in I_2$ et dans ce cas ε appartient à $\mathscr{S}(\lambda_i^\star(\delta),\delta)$, d'où :

$$\varepsilon = \varepsilon_i^\star(\delta),$$

si $\text{Card}\,\mathscr{S}(\lambda_i^\star(\delta),\delta) = 1$. Mais ceci est impossible car on a vu que le point $(\lambda_i^\star(\delta),\varepsilon_i^\star(\delta))$ est un point de retournement (non dégénéré) de l'équation (E_δ), le retournement s'effectuant dans le demi-plan $\lambda>\lambda_i^\star(\delta)$ (cf. figure 3.3-2 et le raisonnement qui la précède). De ce fait, l'équation (E_δ) ne possède, au voisinage de $(\lambda_i^\star(\delta),\varepsilon_i^\star(\delta))$, aucune solution correspondant à des valeurs $<\lambda_i^\star(\delta)$ du paramètre λ, ce qui exclut que la suite $(\mu_n,\varepsilon(\mu_n))$ converge vers $(\lambda_i^\star(\delta),\varepsilon_i^\star(\delta))$. ■

Remarque 3.4-1 : Naturellement, pour δ = 0, on a :

$$\text{Card}\,\mathscr{S}(\lambda_i,0) = 1,$$

comme nous l'avons montré au début de ce paragraphe [cf. équation (3.4-3)] et le Théorème 3.4-2 est faux pour δ = 0. ■

Avec les Théorèmes 3.4-1 et 3.4-2 et en utilisant le fait que pour tout $\delta\in I_3$, la seule solution ε-singulière de l'équation (E_δ) est le couple $(\lambda_i^\star(\delta),\varepsilon_i^\star(\delta))$, une application répétée du théorème des fonctions implicites (fastidieuse mais sans aucune difficulté) montre que l'ensemble, dans W_i, des solutions de l'équation (E_δ) est formé de deux courbes de classe $\mathscr{C}^\infty$, disjointes pour $\delta \neq 0$ et transverses au point $(\lambda_i, 0)$ pour $\delta = 0$. On peut alors compléter la figure 3.3-2 et *obtenir de façon tout à fait rigoureuse* le diagramme suivant pour les solutions dans W_i de l'équation (E_δ) (en traits fins, les solutions de l'équation (E_0)) :

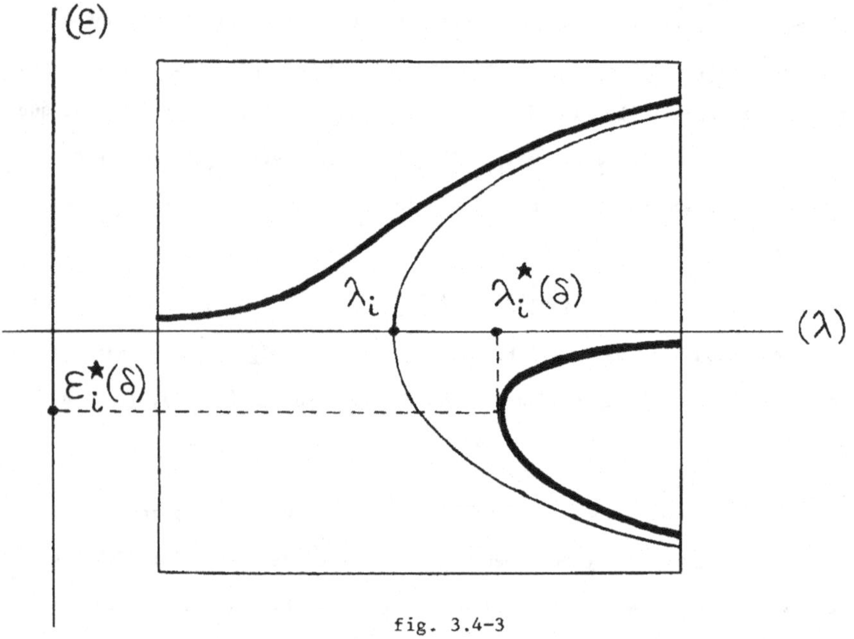

fig. 3.4-3

Remarque 3.4-2 : Lorsque δ change de signe, le diagramme se déduit de la figure 3.4-3 par symétrie par rapport à l'axe $\varepsilon = 0$. ■

3.5. APPLICATION AU PROBLÈME INITIAL

En se ramenant à un ouvert $W_i \times I_3$ convenable et possédant en particulier la propriété "d'adaptation", les résultats du paragraphe précédent concernant l'équation (E_δ) se traduisent facilement à l'équation $(\mathscr{E}_\delta)$ (cf. paragraphe 1) :

$$u - \lambda Lu + C(u) - \delta F = 0.$$

En effet, grâce à la Remarque 3.2-2, l'ensemble des solutions de l'équation $(\mathscr{E})$ dans l'ouvert $\hat{W}_i \times I_3 = I_{1,i} \times (I_2 \times V_i) \times I_3$ (le voisinage ouvert connexe W_i de 0 dans $\mathcal{N}^1_i$ étant déterminé au Lemme 3.2-2) est l'image par l'application p_i (3.2-15) de l'ensemble des solutions (E) dans l'ouvert $W_i \times I_3$. En particulier, ceci signifie que pour $\delta \in I_3$ fixé, l'ensemble des solutions de l'équation $(\mathcal{E}_\delta)$ dans l'ouvert $\hat{W}_i$ est l'image par l'application $p_{i,\delta}$ {cf. (3.2-24)} de l'ensemble des solutions de l'équation (E_δ) correspondante. Pour $\delta = 0$, cet argument nous a déjà permis de montrer à la Remarque 3.3-2 que l'ensemble des solutions de l'équation $(\mathcal{E}_0)$ était formé de *deux courbes de classe* $\mathscr{C}^\infty$, *transverses en* $(\lambda_i, 0) \in \mathbb{R} \times H_0^2(\omega)$, la bifurcation ayant lieu "à droite" de la valeur caractéristique λ_i. Pour $\delta \in I_3 \setminus \{0\}$, l'ensemble des solutions de l'équation $(\mathcal{E}_\delta)$ est formé de *deux courbes de classe* $\mathscr{C}^\infty$ *disjointes* (cf. fin du paragraphe précédent). En outre, pour $\delta \in I_3$ quelconque, il découle du Lemme 3.2-3 et du Théorème 3.3-1 que la seule solution u-singulière (Définition 3.3-1) dans l'ouvert $\hat{W}_i$ est le point :

$$p_{i,\delta}\{\lambda_i^\star(\delta), \varepsilon_i^\star(\delta)\}.$$

Si l'on convient de dire que le point $p_{i,\delta}\{\lambda_i^\star(\delta), \varepsilon_i^\star(\delta)\}$ est un *point de retournement non dégénéré* de l'équation $(\mathcal{E}_\delta)$ si et seulement si le point $\{\lambda_i^\star(\delta), \varepsilon_i^\star(\delta)\}$ est un point de retournement non dégénéré de l'équation (E_δ), on peut vérifier sans peine que *cette définition coïncide avec celle qui est donnée par FUJII et YAMAGUTI* [1978] et il découle du Théorème 3.3-2 que pour $\delta \in I_3 \setminus \{0\}$, *le point* $p_{i,\delta}\{\lambda_i^\star(\delta), \varepsilon_i^\star(\delta)\}$ *est un point de retournement non dégénéré de l'équation* $(\mathcal{E}_\delta)$. Des Théorèmes 3.4-1 et 3.4-2, on déduit que pour $\delta \in I_3 \setminus \{0\}$ et $\lambda \in I_{1,i}$, l'équation (posée dans le voisinage $I_2 \times V_i$ de $0 \in H_0^2(\omega)$) :

$$u - \lambda Lu + C(u) = \delta F$$

possède exactement une solution pour $\lambda < \lambda_i^\star(\delta)$, exactement deux pour $\lambda = \lambda_i^\star(\delta)$ et exactement trois pour $\lambda > \lambda_i^\star(\delta)$. Tout ceci *justifie complètement le fait que l'on utilise la figure* 3.4-3 *pour représenter les solutions de l'équation* $(\mathcal{E}_\delta)$ *dans* $\hat{W}_i$. De plus, la coïncidence de notre définition de "point de retournement non dégénéré" avec celle de Fujii et Yamaguti permet selon ces auteurs (cf. loc. cit.) de conclure à un *échange de stabilité* au voisinage du point $p_{i,\delta}\{\lambda_i^\star(\delta), \varepsilon_i^\star(\delta)\}$ pour $\delta \in I_3 \setminus \{0\}$, c'est-à-dire que sur la courbe de solutions de l'équation $(\mathcal{E}_\delta)$ qui contient ce point, *une valeur propre de l'opérateur dérivé* $I - \lambda L + C'(u)$ *change de signe au passage par le point* $p_{i,\delta}(\lambda_i^\star(\delta), \varepsilon_i^\star(\delta))$.

Remarque 3.5-1 : Rappelons que ces résultats sont subordonnés aux deux hypothèses suivantes : d'une part la valeur caractéristique λ_i de l'opérateur L est simple et d'autre part, la donnée F n'appartient pas à l'orthogonal de l'espace propre $\mathcal{N}_i$ associé à λ_i (i.e. $((F, \phi_i)) \neq 0$). ■

Remarque 3.5-2 : La donnée $F \in H_0^2(\omega)$ dépend des forces de volume et de surface sur les faces supérieure et inférieure exercées perpendiculairement au plan de la plaque (les efforts de même nature parallèles au plan de la plaque ayant été supposés nuls en (1.3-24)), selon les relations (2.2-15), (1.5-23) et (1.3-25). En particulier, si la plaque est supposée "horizontale" et soumise à la seule action de son poids, on voit que F s'obtient en résolvant (dans $H_0^2(\omega)$) :

$$\Delta^2 F = -2\rho g, \tag{3.5-1}$$

où ρ est la masse volumique (constante puisque le matériau est homogène) et g la valeur de l'accélération de la pesanteur. Si λ_i est une valeur caractéristique simple de l'opérateur L, on a :

$$((F, \phi_i)) = \int_\omega \Delta F \, \Delta\phi_i = \int_\omega (\Delta^2 F)\phi_i = -2\rho g \int_\omega \phi_i,$$

et la condition $((F, \phi_i)) \neq 0$ équivaut à :

$$\int_\omega \phi_i \neq 0. \tag{3.5-2}$$

■

Remarque 3.5-3 : A titre d'application pratique, signalons le cas des plaques circulaires (l'ouvert ω est un disque du plan $\mathbb{R}^2$). Il est alors connu que la plus grande valeur propre de l'opérateur L associé est simple et que les fonctions propres correspondantes ont un signe constant dans ω. Avec les Remarques 3.5-1 et 3.5-2, les résultats de ce paragraphe s'appliquent alors à $\lambda = \lambda_1$ (plus petite valeur caractéristique de l'opérateur L) lorsque l'on prend en compte le poids de la plaque puisque la condition (3.5-2) est vérifiée pour $\phi_i = \phi_1$ (cf. BERGER [1977], WOLKOWISKY [1967], KELLER, KELLER et REISS [1962]. ■

ANNEXE

NOTATIONS, RAPPELS
ET COMPLEMENTS

Dans la suite, tous les espaces vectoriels sont réels et les fonctions (d'une ou plusieurs variables réelles) sont à valeurs réelles.

0.1. NOTATIONS

Soient V et W deux espaces de Banach et $F : V \to W$ une application. Si F est dérivable au sens de Fréchet au point $a \in V$, on note :

(0.1-1) $$DF(a) \in \mathcal{L}(V,W),$$

sa dérivée de Fréchet en ce point.

Si Ω désigne un ouvert de $\mathbb{R}^n$, $T \in \mathcal{D}'(\Omega)$ une distribution sur Ω et $\alpha \in \mathbb{N}^n$ un multi-indice :

(0.1-2) $$\alpha = (\alpha_1, \dots, \alpha_n) \in \mathbb{N}^n,$$

on pose :

(0.1-3) $$\partial^\alpha T = \frac{\partial^{|\alpha|} T}{\partial x_1^{\alpha_1} \dots \partial x_n^{\alpha_n}} = (\partial_1)^{\alpha_1} \dots (\partial_n)^{\alpha_n} T,$$

où par définition :

(0.1-4) $$|\alpha| = \alpha_1 + \dots + \alpha_n \quad \text{(longueur de } \alpha\text{)},$$

et où pour tout $1 \leq k \leq n$, ∂_k désigne l'opérateur de dérivation partielle $\frac{\partial}{\partial x_k}$. Pour $|\alpha| = 2$, on écrira :

(0.1-5) $$\partial_{ij} T = \frac{\partial^2 T}{\partial x_i \partial x_j} \quad (1 \leq i,j \leq n).$$

Bien entendu, ces notations s'emploieront aussi pour une fonction régulière sur Ω.

0.2. ESPACES DE SOBOLEV : RAPPELS GÉNÉRAUX

Soient $n \in \mathbb{N}$, $1 \leq p \leq +\infty$ et Ω un ouvert de $\mathbb{R}^n$. On pose

(0.2-1) $$W^{m,p}(\Omega) = \{v \in L^p(\Omega) \; ; \; \partial^\alpha v \in L^p(\Omega) \quad \forall \alpha \in \mathbb{N}^n, \; |\alpha| \leq m\},$$

où les dérivées sont à prendre au sens des distributions, c'est-à-dire :

(0.2-2) $$\forall \varphi \in \mathscr{D}(\Omega), \quad \int_\Omega \partial^\alpha v \varphi = (-1)^{|\alpha|} \int_\Omega v \partial^\alpha \varphi,$$

l'espace $\mathscr{D}(\Omega)$ étant l'espace des fonctions $\mathscr{C}^\infty$ à support compact dans Ω.

Posons :

(0.2-3) $$|v|_{0,p,\Omega} = \|v\|_{L^p(\Omega)}, \quad 1 \leqslant p \leqslant +\infty.$$

L'espace $W^{m,p}(\Omega)$ est un espace de Banach pour la norme :

(0.2-4) $$\|v\|_{m,p,\Omega} = \Big(\sum_{|\alpha| \leqslant m} |\partial^\alpha v|^p_{0,p,\Omega}\Big)^{1/p} = \Big(\sum_{|\alpha| \leqslant m} \int_\Omega |\partial^\alpha v|^p\Big)^{1/p}, \quad 1 \leqslant p < +\infty,$$

(0.2-5) $$\|v\|_{m,\infty,\Omega} = \underset{|\alpha| \leqslant m}{\mathrm{Max}} |\partial^\alpha v|_{0,\infty,\Omega}.$$

Il est également pratique d'introduire les semi-normes :

(0.2-6) $$|v|_{m,p,\Omega} = \Big(\sum_{|\alpha| = m} |\partial^\alpha v|^p_{0,p,\Omega}\Big)^{1/p} = \Big(\sum_{|\alpha| = m} \int_\Omega |\partial^\alpha v|^p\Big)^{1/p}, \quad 1 \leqslant p < +\infty,$$

(0.2-7) $$|v|_{m,\infty,\Omega} = \underset{|\alpha| = m}{\mathrm{Max}} |\partial^\alpha v|_{0,\infty,\Omega}.$$

Avec ces notations, on a aussi :

(0.2-8) $$\|v\|_{m,p,\Omega} = \Big(\sum_{i=0}^{m} |v|^p_{i,p,\Omega}\Big)^{1/p}, \quad 1 \leqslant p < +\infty,$$

(0.2-9) $$\|v\|_{m,\infty,\Omega} = \underset{0 \leqslant i \leqslant m}{\mathrm{Max}} |v|_{i,\infty,\Omega}.$$

L'espace $W^{m,p}(\Omega)$ est réflexif pour $1 < p < +\infty$. Ceci équivaut à dire que sa boule unité est faiblement compacte. C'est un espace de Hilbert pour $p = 2$ lorsqu'on le munit du produit scalaire :

(0.2-10) $$(u,v) \longrightarrow \sum_{|\alpha| \leqslant m} \int_\Omega \partial^\alpha u \partial^\alpha v,$$

et on note :

(0.2-11) $$W^{m,2}(\Omega) = H^m(\Omega),$$

(0.2-12) $$\|v\|_{m,\Omega} = \|v\|_{m,2,\Omega} = \Big(\sum_{|\alpha| \leqslant m} \int_\Omega |\partial^\alpha v|^2\Big)^{\frac{1}{2}},$$

(0.2-13) $$|v|_{m,\Omega} = |v|_{m,2,\Omega} = \left(\sum_{|\alpha|=m}\int_\Omega |\partial^\alpha v|^2\right)^{\frac{1}{2}}.$$

Lorsque $1 \leqslant p < +\infty$, on introduit les espaces :

(0.2-14) $$W_0^{m,p}(\Omega) = \overline{\mathcal{D}(\Omega)}$$

(adhérence dans l'espace $W^{m,p}(\Omega)$). Pour $p = 2$, on écrira plutôt :

(0.2-15) $$W_0^{m,2}(\Omega) = H_0^m(\Omega).$$

En général, on a :

$$W_0^{m,p}(\Omega) \subsetneq W^{m,p}(\Omega).$$

Pour $n \in \mathbb{N}$, on désigne par $H^{-m}(\Omega)$ le dual de l'espace $H_0^m(\Omega)$, muni de la norme :

(0.2-16) $$|f|_{-m,\Omega} = \sup_{\substack{v \in H_0^m(\Omega) \\ \|v\|_m = 1}} |\langle f,v\rangle|.$$

On montre que tout élément $f \in H^{-m}(\Omega)$ s'écrit (de façon non unique) :

(0.2-17) $$f = \sum_{|\alpha| \leqslant m} \partial^\alpha f_\alpha, \quad f_\alpha \in L^2(\Omega), \quad |\alpha| \leqslant m,$$

de sorte que $H^{-m}(\Omega)$ est un espace de distributions. On notera qu'en général, le dual de l'espace $H^m(\Omega)$ n'est pas un espace de distributions.

Enfin, si l'ouvert Ω est borné et $1 \leqslant p < +\infty$, il existe une constante $C = C(p,\Omega)$ telle que (inégalité de Poincaré) :

(0.2-18) $$\forall v \in W_0^{m,p}(\Omega), \quad \|v\|_{m,p,\Omega} \leqslant C|v|_{m,p,\Omega}.$$

Il en résulte alors trivialement que sur l'espace $W_0^{m,p}(\Omega)$, la semi-norme $|\cdot|_{m,p,\Omega}$ (0.2-6) est une norme équivalente à la norme $\|\cdot\|_{m,p,\Omega}$ (0.2-4).

Remarque 0.2-1 : Nous n'aurons pas besoin de considérer l'espace dual de l'espace $W_0^{m,p}(\Omega)$ pour $p \neq 2$. ■

Les résultats qui suivent font intervenir la régularité de la frontière $\Gamma = \partial\Omega$ de l'ouvert Ω ; il convient donc de préciser en premier lieu ce que signifie la notion de régularité de Γ.

Un ouvert Ω de $\mathbb{R}^n$ est dit de classe $\mathcal{X}$ si :

- Ω est borné ;

- Il existe des nombres $\alpha>0$ et $\beta>0$ et un nombre fini de cartes a_r, $1\leq r\leq M$, associées à des systèmes locaux de coordonnées $(0_r, x_1^r, \dots, x_n^r)$ tels que (cf. figure 0.2-1) :

$$\Gamma = \bigcup_{r=1}^{M}\{(x_1^r,\hat{x}^r) \; ; \; x_1^r = a_r(\hat{x}^r), \; |\hat{x}^r|<\alpha\}, \tag{0.2-19}$$

avec les conditions :

$$\{(x_1^r,\hat{x}^r) \; ; \; a_r(\hat{x}^r)<x_1^r<a_r(\hat{x}^r)+\beta \; ; \; |\hat{x}^r|<\alpha\}\subset\Omega, \; 1\leq r\leq M, \tag{0.2-20}$$

$$\{(x_1^r,\hat{x}^r) \; ; \; a_r(\hat{x}^r)-\beta<x_1^r<a_r(\hat{x}^r) \; ; \; |\hat{x}^r|<\alpha\}\subset\mathbb{R}^n\setminus\overline{\Omega}, \; 1\leq r\leq M, \tag{0.2-21}$$

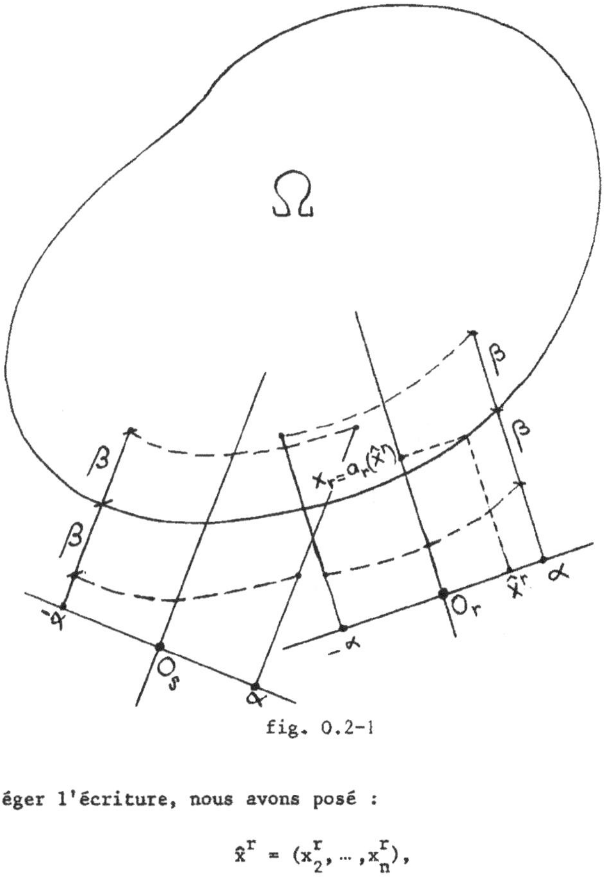

fig. 0.2-1

où, pour alléger l'écriture, nous avons posé :

$$\hat{x}^r = (x_2^r, \dots, x_n^r),$$

la condition $|\hat{x}^r|<\alpha$ signifiant :

$$|x_i^r| < \alpha,\ 2 \leqslant i \leqslant n,$$

et les fonctions a_r, $1 \leqslant r \leqslant M$ étant de classe $\mathscr{X}$ sur l'ensemble Δ_r des points $\hat{x}^r$ dont les coordonnées satisfont $|x_i^r| \leqslant \alpha$, $2 \leqslant i \leqslant n$ (soit $|\hat{x}^r| \leqslant \alpha$).

En pratique, on utilise les ouverts de classe $\mathscr{C}^m$ $(0 \leqslant m \leqslant \infty)$ ou $\mathscr{C}^{m,\alpha}$, les fonctions de classe $\mathscr{C}^{m,\alpha}(\mathscr{O})$, $(m \in \mathbb{N},\ 0 < \alpha \leqslant 1)$ dites "m-höldériennes d'ordre α", sur un ouvert $\mathscr{O}$ de $\mathbb{R}^n$ étant définies par :

$$v \in \mathscr{C}^{m,\alpha}(\mathscr{O}) \iff \begin{cases} v \in \mathscr{C}^m(\mathscr{O}), \\ \|v\|_{\mathscr{C}^{m,\alpha}(\mathscr{O})} = \|v\|_{m,\infty,\mathscr{O}} + \underset{|\beta|=m}{\operatorname{Max}} \ \underset{\substack{x,y\in\mathscr{O} \\ x\neq y}}{\operatorname{Sup}} \dfrac{|\partial^\beta v(x) - \partial^\beta v(y)|}{\|x-y\|^\alpha} < +\infty. \end{cases}$$

En fait, nous aurons surtout besoin du cas $m = 0$, $\alpha = 1$ qui correspond au cas Lipschitzien. Un ouvert "à frontière continue" est donc un ouvert de classe $\mathscr{C}^0$, un ouvert "à frontière Lipschitzienne" étant un ouvert de classe $\mathscr{C}^{0,1}$, etc... .

Remarque 0.2-2 : Les conditions (0.2-20) et (0.2-21) traduisent l'hypothèse que l'on trouve souvent énoncée de façon un peu vague sous la forme : "l'ouvert Ω est localement situé d'un même côté de sa frontière". ■

Dans toute la suite, l'ouvert Ω sera supposé de classe $\mathscr{C}^{0,1}$ (au moins).

Si l'on définit l'espace $\mathscr{C}^\infty(\bar{\Omega})$ des restrictions à $\bar{\Omega}$ des fonctions de classe $\mathscr{C}^\infty(\mathbb{R}^n)$, on a le théorème de densité :

(0.2-22) $$\overline{\mathscr{C}^\infty(\bar{\Omega})} = W^{m,p}(\Omega),$$

l'adhérence étant à prendre au sens de l'espace $W^{m,p}(\Omega)$.

Le symbole $\hookrightarrow$ désignant une injection continue et $\overset{c}{\hookrightarrow}$ une injection compacte, rappelons les théorèmes d'inclusion de Sobolev (injection continue) et de Kondrasov-Rellich (injection compacte) :

(0.2-23) $$W^{m,p}(\Omega) \begin{cases} \left.\begin{array}{l} \hookrightarrow L^{p^*}(\Omega),\ \dfrac{1}{p^*} = \dfrac{1}{p} - \dfrac{m}{n} \\ \overset{c}{\hookrightarrow} L^q(\Omega),\ 1 \leqslant q < p^* \end{array}\right\} & \text{si } mp < n, \\ \overset{c}{\hookrightarrow} L^q(\Omega),\ 1 \leqslant q < +\infty & \text{si } mp = n, \\ \overset{c}{\hookrightarrow} \mathscr{C}^0(\bar{\Omega}) & \text{si } mp > n. \end{cases}$$

Si l'ouvert Ω est de classe $\mathscr{C}^{0,1}$, on peut définir la mesure superficielle $d\Gamma$

sur $\Gamma = \partial\Omega$ par (cf. NEČAS [1967]) :

$$(0.2\text{-}24)\qquad \int_\Gamma v\, d\Gamma = \sum_{r=1}^{M} \int_{\Delta_r} v\big(\hat{x}^r, a_r(\hat{x}^r)\big)\varphi_r\big(\hat{x}^r, a_r(\hat{x}^r)\big)\sqrt{1 + \sum_{i=1}^{n-1} (\partial_i a_r)^2(\hat{x}^r)}\, d\hat{x}^r,$$

où $(\varphi_r)_{r=1}^M$ est une partition de l'unité subordonnée au recouvrement $\big(a_r(\Delta_r)\big)_{r=1}^M$ de Γ (noter que dans (0.2-24), les intégrales du second membre sont bien définies puisque les fonctions $(\partial_i a_r)$, dérivées partielles de fonctions Lipschitziennes, sont dans l'espace $L^\infty(\Delta_r)$).

L'existence d'une mesure superficielle sur Γ permet de définir les espaces $L^q(\Gamma)$, $1 \leq q \leq +\infty$. On pose :

$$(0.2\text{-}25)\qquad |v|_{0,q,\Gamma} = \|v\|_{L^q(\Gamma)}\ .$$

Les premiers théorèmes de trace peuvent être résumés par les inégalités suivantes : pour $1 \leq p < n$, il existe une constante $C_p > 0$ telle que :

$$(0.2\text{-}26)\qquad \forall v \in \mathscr{C}^\infty(\bar{\Omega}),\ |v|_{0,q,\Omega} \leq C_p \|v\|_{1,p,\Omega},\ q = \frac{(n-1)p}{n-p}\ .$$

Pour $p = n$ et $1 \leq q < +\infty$, il existe une constante $C_q > 0$ telle que :

$$(0.2\text{-}27)\qquad \forall v \in \mathscr{C}^\infty(\bar{\Omega}),\ |v|_{0,q,\Omega} \leq C_q \|v\|_{1,n,\Omega}.$$

Pour $p > n$, il existe une constante $C > 0$ telle que :

$$(0.2\text{-}28)\qquad \forall v \in \mathscr{C}^\infty(\bar{\Omega}),\ |v|_{0,\infty,\Omega} \leq C\|v\|_{1,p,\Omega}.$$

Par densité (cf. (0.2-22)), les inégalités (0.2-26)-(0.2-28) restent valables pour $v \in W^{1,p}(\Omega)$, ce qui permet en même temps de définir l'application trace par le théorème de prolongement. Par exemple, l'application trace (notée tr) est un élément de :

$$\mathrm{tr} \in \mathscr{L}\big(H^1(\Omega)\ ;\ L^q(\Omega)\big),$$

avec :

$$(0.2\text{-}29)\qquad \begin{cases} q = 2 + \dfrac{2}{n-2} > 2 \text{ pour } n > 2, \\ \forall q \text{ pour } n = 2. \end{cases}$$

Remarque 0.2-3 : En pratique, on notera $\mathrm{tr}\, v = v_{|\Gamma}$ ou encore $\mathrm{tr}\, v = v$ lorsqu'aucune confusion n'est à craindre. ■

Si l'ouvert Ω est de classe $\mathscr{C}^{0,1}$, la normale extérieure unité :

$$\nu = (\nu_1, \dots, \nu_n)$$

est définie presque partout (pour la mesure superficielle $d\Gamma$) le long de la frontière Γ (NEČAS [1967]). Ceci permet de définir la dérivée normale extérieure ∂_ν pour les fonctions de $\mathscr{C}^\infty(\bar{\Omega})$ par :

$$v \in \mathscr{C}^\infty(\bar{\Omega}) \Rightarrow \partial_\nu v = \sum_{i=1}^{n} \nu_i \partial_i v.$$

En particulier, on déduit de (0.2-29) que pour $v \in \mathscr{C}^\infty(\bar{\Omega})$, on a pour $1 \leq q \leq +\infty$:

$$|\partial_\nu v|_{0,q,\Gamma} \leq \sum_{i=1}^{n} |\partial_i v|_{0,q,\Gamma},$$

donc d'après (0.2-26)-(0.2-28) :

$$|\partial_\nu v|_{0,q,\Gamma} \begin{cases} \leq C_p \sum_{i=1}^{n} \|\partial_i v\|_{1,p,\Omega} & \text{pour } 1 \leq p < n \text{ et } q = \dfrac{(n-1)p}{n-p}, \\ \leq C_q \sum_{i=1}^{n} \|\partial_i v\|_{1,p,\Omega} & \text{pour } p = n \text{ et } 1 \leq q < +\infty, \end{cases}$$

$$|\partial_\nu v|_{0,\infty,\Gamma} \leq C \sum_{i=1}^{n} \|\partial_i v\|_{1,p,\Omega} \quad \text{pour } p > n,$$

les constantes C_p, C_q et C étant indépendantes de $v \in \mathscr{C}^\infty(\bar{\Omega})$, d'où l'on déduit que :

$$(0.2\text{-}30) \qquad |\partial_\nu v|_{0,q,\Gamma} \begin{cases} \leq C'_p \|v\|_{2,p,\Omega} & \text{pour } 1 \leq p < n \text{ et } q = \dfrac{(n-1)p}{n-p}, \\ \leq C'_q \|v\|_{2,n,\Omega} & \text{pour } p = n \text{ et } 1 \leq q < +\infty, \end{cases}$$

$$(0.2\text{-}31) \qquad |\partial_\nu v|_{0,\infty,\Gamma} \leq C' \|v\|_{2,p,} \quad \text{pour } p > n,$$

les constantes C'_p, C'_q et C' étant indépendantes de $v \in \mathscr{C}^\infty(\bar{\Omega})$. Il découle alors du théorème de prolongement que pour tout $1 \leq p \leq +\infty$, la dérivation normale extérieure se prolonge en application linéaire continue de l'espace $W^{2,p}(\Omega)$ dans l'espace $L^q(\Gamma)$ avec :

$$(0.2\text{-}32) \qquad \begin{cases} q = \dfrac{(n-1)p}{n-p} & \text{pour } 1 \leq p < n, \\ 1 \leq q < +\infty & \text{pour } p = n, \\ q = \infty & \text{pour } p > n, \end{cases}$$

les inégalités (0.2-30)-(0.2-31) se prolongeant à $v \in W^{2,p}(\Omega)$.

Par définition des espaces $W_0^{m,p}(\Omega)$, on voit que :

$$W_0^{1,p}(\Omega) \subset \{v \in W^{1,p}(\Omega) \ ; \ v = 0 \text{ sur } \Gamma\},$$

$$W_0^{2,p}(\Omega) \subset \{v \in W^{2,p}(\Omega) \ ; \ v = \partial_\nu v = 0 \text{ sur } \Gamma\}.$$

En fait (NEČAS [1967]), on a l'égalité :

(0.2-33) $$W_0^{1,p}(\Omega) = \{v \in W^{1,p}(\Omega) \ ; \ v = 0 \text{ sur } \Gamma\},$$

(0.2.34) $$W_0^{2,p}(\Omega) = \{v \in W^{2,p}(\Omega) \ ; \ v = \partial_\nu v = 0 \text{ sur } \Gamma\}.$$

Supposons maintenant que les nombres réels p et q vérifient :

(0.2-35) $$\begin{cases} 1 \leq p < n, \ 1 \leq q < n \text{ et } \frac{1}{p} + \frac{1}{q} \leq 1 + \frac{1}{n}, \\ \text{ou } 1 < q \quad \text{et } n \leq p, \\ \text{ou } 1 \leq q \quad \text{et } n < p. \end{cases}$$

Alors, pour $u \in W^{1,p}(\Omega)$ et $v \in W^{1,q}(\Omega)$, on a la *formule de Green* (formule d'intégration par parties en plusieurs variables) :

(0.2-36) $$\int_\Omega \partial_i u\, v = -\int_\Omega u \partial_i v + \int_\Gamma u\, v\, \nu_i \, d\Gamma .$$

Comme application des résultats antérieurs, vérifions que dans tous les cas le produit $u\,v$ appartient à $L^1(\Gamma)$:

(i) $1 \leq p < n$, $1 \leq q < n$ et $\frac{1}{p} + \frac{1}{q} \leq 1 + \frac{1}{n}$.

Alors (cf. (0.2-26)) :

$$u \in W^{1,p}(\Omega) \Rightarrow u \in L^{p'}(\Gamma) \text{ avec } p' = \frac{(n-1)p}{n-p},$$

$$v \in W^{1,q}(\Omega) \Rightarrow v \in L^{q'}(\Gamma) \text{ avec } q' = \frac{(n-1)q}{n-q}.$$

Ainsi :

$$\frac{1}{p'} + \frac{1}{q'} = \frac{1}{n-1}\left(n\left(\frac{1}{p} + \frac{1}{q}\right) - 2\right) \leq 1,$$

puisque $\frac{1}{p} + \frac{1}{q} \leq 1 + \frac{1}{n}$ par hypothèse, et donc $u\,v \in L^1(\Gamma)$ selon un résultat classique d'intégration.

(ii) $1 < q$, $n \leq p$ ou $1 \leq q$, $n < p$.

Alors :

$$u \in W^{1,p}(\Omega) \Rightarrow \begin{cases} u \in L^{p'}(\Gamma), \ 1 \leq p' \text{ si } p = n \quad (0.2\text{-}27), \\ u \in \mathscr{C}^0(\Gamma) \text{ si } p > n \quad (0.2\text{-}28), \end{cases}$$

$$v \in W^{1,q}(\Omega) \Rightarrow \begin{cases} v \in L^{q'}(\Gamma),\ q' = \dfrac{(n-1)q}{n-q} \text{ si } 1 \leq q < n \quad (0.2\text{-}26), \\ v \in L^{q'}(\Gamma),\ 1 \leq q' \text{ si } q = n \quad (0.2\text{-}27), \\ v \in \mathscr{C}^0(\Gamma) \text{ si } q > n \quad (0.2\text{-}28). \end{cases}$$

Pour $q > 1$, il existe toujours $q' > 1$ tel que $v \in L^{q'}(\Gamma)$; pour $p \geq n$, on a toujours $u \in L^{p'}(\Gamma)$ $\forall 1 \leq p'$ (ne pas oublier que Γ est compact, donc de mesure finie et qu'il existe dans ce cas des inclusions relatives entre les espaces $L^r(\Gamma)$, à savoir : $L^{r'}(\Gamma) \subset L^r(\Gamma)$ pour $r' \geq r$). Dans ces conditions, on peut ajuster p' tel que :

$$\frac{1}{p'} + \frac{1}{q'} = 1,$$

et donc $uv \in L^1(\Gamma)$. Pour $p = n$, on a $u \in \mathscr{C}^0(\Gamma) \subset L^\infty(\Gamma)$ et pour $q \geq 1$, on a $v \in L^1(\Gamma)$, donc :

$$uv \in L^1(\Gamma).$$

Par contre, pour $p = n$ et $q = 1$, on ne peut pas conclure car on a seulement $u \in L^{p'}(\Gamma)$ $\forall 1 \leq p'$ et $v \in L^1(\Gamma)$ et le terme $\int_\Gamma uv$ n'est pas défini.

Dorénavant, nous supposerons que l'ouvert Ω est de classe $\mathscr{C}^\infty$. Pour $0 < s < 1$ on peut définir les espaces $H^s(\Gamma)$ par :

(0.2-37)
$$u \in H^s(\Gamma) \Leftrightarrow \begin{cases} u \in L^2(\Gamma), \\ \displaystyle\iint_{\Gamma\times\Gamma} \frac{|u(x)-u(y)|^2}{\|x-y\|^{n-1+2s}}\, d\Gamma(x)\, d\Gamma(y) < +\infty, \end{cases}$$

où $\|\cdot\|$ désigne la norme euclidienne de $\mathbb{R}^n$. L'espace $H^s(\Gamma)$ est un espace de Hilbert pour le produit scalaire :

$$(u,v)_{H^s(\Gamma)} = \int_\Gamma uv + \iint_{\Gamma\times\Gamma} \frac{(u(x)-u(y))(v(x)-v(y))}{\|x-y\|^{n-1+2s}}\, d\Gamma(x)\, d\Gamma(y).$$

On montre que pour $v \in H^1(\Omega)$, l'application trace $\mathrm{tr} \in \mathscr{L}(H^1(\Omega); L^q(\Gamma))$ avec q comme en (0.2-29) a pour image l'espace $H^{\frac{1}{2}}(\Gamma)$, ce qui signifie que :

(i) $\forall v \in H^1(\Omega)$, $\mathrm{tr}\, v \in H^{\frac{1}{2}}(\Gamma)$,

(ii) $\forall g \in H^{\frac{1}{2}}(\Gamma)$, $\exists v \in H^1(\Omega)$; $\mathrm{tr}\, v = g$,

le point (ii) ayant pour conséquence accessoire de montrer que :

$$H^{\frac{1}{2}}(\Gamma) \subset L^q(\Gamma),$$

avec q comme en (0.2-29). Le point (ii) ci-dessus peut être précisé de la façon suivante : il existe un opérateur de relèvement (non unique !) :

(0.2-38) $$\mathcal{R} \in \mathcal{L}\left(H^{\frac{1}{2}}(\Gamma); H^1(\Omega)\right),$$

tel que

(0.2-39) $$\forall g \in H^{\frac{1}{2}}(\Gamma),\ \mathrm{tr}(\mathcal{R}g) = g.$$

L'espace $H^{\frac{1}{2}}(\Gamma)$ apparaît ainsi comme l'espace des traces sur Γ des éléments de $H^1(\Omega)$. Par analogie, nous définirons :

(0.2-40) $$\forall m \in \mathbb{N} - \{0\},\ H^{m-\frac{1}{2}}(\Gamma) = \{\mathrm{tr}\, v\ ;\ v \in H^m(\Omega)\}.$$

Remarque 0.2-4 : L'espace $H^{m-\frac{1}{2}}(\Gamma)$, et de façon plus générale les espaces $H^s(\Gamma)$, s réel >0 peuvent être définis de façon intrinsèque mais qui nécessite au préalable la connaissance des espaces $H^s(\mathbb{R}^n)$ (définis par transformation de Fourier) pour s réel >0. A ce sujet, on pourra consulter LIONS-MAGENES [1968]. ■

L'espace $H^{m-\frac{1}{2}}(\Gamma)$ (0.2-40) peut être considéré comme l'espace-quotient :

(0.2-41) $$H^{m-\frac{1}{2}}(\Gamma) = H^m(\Omega) / \sim ,$$

où "$\sim$" est la relation d'équivalence :

$$v \in H^m(\Omega),\ w \in H^m(\Omega),\ v \sim w \Leftrightarrow \mathrm{tr}\, v = \mathrm{tr}\, w.$$

Muni de la norme-quotient associée, à savoir :

$$g \in H^{m-\frac{1}{2}}(\Gamma) \Rightarrow \|g\|_{m-\frac{1}{2},\Gamma} = \mathrm{Inf}\, \|v\|_{m,\Omega},$$

la borne inférieure étant prise sur tous les éléments $v \in H^m(\Omega)$ tels que

$$\mathrm{tr}\, v = g,$$

c'est un espace de Banach. En fait, si l'on remarque que l'ensemble des éléments $v \in H^m(\Omega)$ équivalents (par "$\sim$") à 0 est canoniquement isomorphe au sous-espace fermé dans $\left(H^m(\Omega)\right)$ $H^m(\Omega) \cap H^1_0(\Omega)$, on déduit que :

$$H^{m-\frac{1}{2}}(\Gamma) \simeq \left(H^m(\Omega) \cap H^1_0(\Omega)\right)^{\perp}\ \left(\text{dans } H^m(\Omega)\right),$$

isomorphisme algébrique et topologique, de sorte que l'espace $H^{m-\frac{1}{2}}(\Gamma)$ est un espace de Hilbert pour le produit scalaire :

$$f \in H^{m-\frac{1}{2}}(\Gamma),\ g \in H^{m-\frac{1}{2}}(\Gamma) \Rightarrow (f,g)_{m-\frac{1}{2},\Gamma} = (u,v)_{m,\Omega}\ ;$$

où u (resp. v) est *l'unique* élément de l'espace $\left(H^m(\Omega) \cap H_0^1(\Omega)\right)^{\perp}$ vérifiant :

$$\operatorname{tr} u = f \ (\text{resp. } \operatorname{tr} v = g).$$

On pose par définition :

(0.2-42) $$H^0(\Gamma) = L^2(\Gamma),$$

et, en identifiant l'espace $H^0(\Gamma)$ à son dual, on définit, pour $m \in \mathbb{N} - \{0\}$:

(0.2-43) $$H^{-m+\frac{1}{2}}(\Gamma) = \left(H^{m-\frac{1}{2}}(\Gamma)\right)' \quad \text{(dual topologique)},$$

muni de la norme d'opérateur :

(0.2-44) $$v \in H^{-m+\frac{1}{2}}(\Gamma) \Rightarrow \|v\|_{-m+\frac{1}{2},\Gamma} = \operatorname*{Max}_{\begin{cases}\varphi \in H^{m-\frac{1}{2}}(\Gamma) \\ \|\varphi\|_{m-\frac{1}{2},\Gamma} \leq 1\end{cases}} \langle v,\varphi \rangle\ ,$$

qui en fait un espace de Banach ; l'espace $H^{-m+\frac{1}{2}}(\Gamma)$, dual d'un espace de Hilbert est lui-même un espace de Hilbert puisque la norme (0.2-44) provient, par le théorème de Riesz, du produit scalaire :

$$u \in H^{-m+\frac{1}{2}}(\Gamma),\ v \in H^{-m+\frac{1}{2}}(\Gamma) \mapsto (u,v)_{-m+\frac{1}{2},\Gamma} = (\varphi,\psi)_{m-\frac{1}{2},\Gamma},$$

où φ (resp. ψ) $\in H^{m-\frac{1}{2}}(\Gamma)$ est le représentant de u (resp. v) dans l'espace $H^{m-\frac{1}{2}}(\Gamma)$.

0.3 ESPACES DE SOBOLEV : LE CAS DES OUVERTS DU PLAN

Ici, ω désigne un ouvert borné de $\mathbb{R}^2$, de classe $\mathscr{C}^\infty$ et de bord γ.

LEMME 0.3-1 : *L'application linéaire*

(0.3-1) $$v \in \mathscr{C}^\infty(\bar{\omega}) \mapsto \partial_\tau v = \partial_1 v \tau_1 + \partial_2 v \tau_2 \in \mathscr{D}(\gamma),$$

où $\tau(y) = \left(\tau_1(y),\tau_2(y)\right)$ *est le vecteur unitaire tangent déduit du vecteur normal unitaire* $\nu(y)$ *par :*

(0.3-2) $$\tau_1(y) = -\nu_2(y), \quad \tau_2(y) = \nu_1(y),$$

se prolonge en une application linéaire continue de l'espace $H^1(\omega)$ *dans l'espace* $H^{-\frac{1}{2}}(\gamma)$.

Démonstration : Grâce au théorème de prolongement et par densité de l'espace $\mathscr{C}^\infty(\overline{\omega})$ dans l'espace $H^1(\omega)$ (cf. (0.2-22)), il suffit de montrer qu'il existe une constante $C>0$ telle que :

$$\forall v \in \mathscr{C}^\infty(\overline{\omega}),\ \|\partial_\tau v\|_{-\frac{1}{2},\gamma} \leq C\|v\|_{1,\omega}.$$

Pour $v \in \mathscr{C}^\infty(\overline{\omega})$, on a $\partial_\tau v \in \mathscr{D}(\gamma)$ et dans ces conditions, pour $\varphi \in H^{\frac{1}{2}}(\gamma)$, on a :

(0.3-3) $$<\partial_\tau v, \varphi> = \int_\gamma (\partial_\tau v)\varphi = \int_\gamma (\partial_\tau v)\mathscr{R}\varphi,$$

par définition de l'opérateur de relèvement $\mathscr{R}$ (0.2-38). Avec (0.3-2) et la formule de Green (0.2-36) pour $p=q=n=2$, on a :

(0.3-4) $$<\partial_\tau v, \varphi> = \int_\Omega \partial_2 v \partial_1 \mathscr{R}\varphi - \partial_1 v \partial_2 \mathscr{R}\varphi,$$

ce qui entraîne :

$$|<\partial_\tau v, \varphi>| \leq \|v\|_{1,\omega} \|\mathscr{R}\varphi\|_{1,\omega} \leq \|\mathscr{R}\| \|\varphi\|_{\frac{1}{2},\gamma} \|v\|_{1,\omega},$$

où $\|\mathscr{R}\|$ désigne la norme de $\mathscr{R}$ dans l'espace $\mathscr{L}(H^{\frac{1}{2}}(\gamma), H^1(\omega))$. On en conclut que :

$$\|\partial_\tau v\|_{-\frac{1}{2},\gamma} \leq \|\mathscr{R}\| \|v\|_{1,\omega},$$

ce qui achève la démonstration. ■

Le Lemme 0.3-1 se précise de la façon suivante :

LEMME 0.3-2 : *L'application linéaire* $\partial_\tau \in \mathscr{L}(H^1(\omega), H^{-\frac{1}{2}}(\gamma))$ *du lemme précédent se factorise par l'espace* $H^1_0(\omega)$ *et définit donc une application linéaire continue (encore notée* ∂_τ*) :*

(0.3-5) $$\partial_\tau \in \mathscr{L}(H^{\frac{1}{2}}(\gamma), H^{-\frac{1}{2}}(\gamma)),$$

qui prolonge la dérivation tangentielle usuelle sur l'espace $\mathscr{D}(\gamma)$. *De plus, on a :*

(0.3-6) $$<\partial_\tau v, \varphi> = -<\partial_\tau \varphi, v>,$$

pour tout couple $(v,\varphi) \in (H^{\frac{1}{2}}(\gamma))^2$ *et :*

(0.3-7) $$\partial_\tau(\varphi v) = (\partial_\tau \varphi)v + \varphi \partial_\tau v,$$

pour tout $\varphi \in \mathscr{D}(\gamma)$ *et tout* $v \in H^{\frac{1}{2}}(\gamma)$.

Démonstration : Pour prouver que l'application ∂_τ se factorise, il suffit de voir que :

(0.3-8) $$v \in H_0^1(\omega) \Rightarrow \partial_\tau v = 0.$$

Or, l'identité (0.3-4), valable pour $v \in \mathscr{C}^\infty(\overline{\omega})$ et $\varphi \in H^{\frac{1}{2}}(\gamma)$, se prolonge par continuité à $v \in H^1(\omega)$; donc :

$$\forall v \in H^1(\omega), \quad \forall \varphi \in H^{\frac{1}{2}}(\gamma), \quad \langle \partial_\tau v, \varphi \rangle = \int_\omega \partial_2 v \partial_1 \mathcal{R}\varphi - \partial_1 v \partial_2 \mathcal{R}\varphi .$$

En échangeant les rôles de v et de φ dans cette identité, on obtient :

(0.3-9) $$\langle \partial_\tau v, \varphi \rangle = - \langle \partial_\tau \mathcal{R}\varphi, v \rangle.$$

Mais, pour $w \in \mathscr{C}^\infty(\overline{\omega})$:

$$\langle \partial_\tau w, v \rangle = \int_\gamma (\partial_\tau w) v = 0,$$

dès que $\operatorname{tr} v = 0$ sur γ, c'est-à-dire [cf. (0.2-33)] dès que $v \in H_0^1(\omega)$. Par densité et continuité de l'opérateur ∂_τ (Lemme 0.3-1), l'identité :

$$\langle \partial_\tau w, v \rangle = 0,$$

se prolonge à $w \in H^1(\omega)$ et avec (0.3-9) :

$$\langle \partial_\tau v, \varphi \rangle = 0 \quad \forall \varphi \in H^{\frac{1}{2}}(\gamma),$$

dès que $v \in H_0^1(\omega)$. La conclusion découle alors de (0.2-41) avec $m = 1$.

Prouvons (0.3-6) : puisque l'application ∂_τ se factorise à travers l'espace $H_0^1(\omega)$, on déduit que $\partial_\tau \mathcal{R}\varphi$ ne dépend pas du relèvement $\mathcal{R}\varphi$ de $\varphi \in H^{\frac{1}{2}}(\gamma)$: la quantité $\partial_\tau \varphi$, bien définie d'après ce qui précède, n'est autre que $\partial_\tau \mathcal{R}\varphi$ et (0.3-6) n'est qu'une écriture différente de (0.3-9).

Supposons maintenant que $\varphi \in \mathscr{D}(\gamma)$, auquel cas, pour $v \in H^{\frac{1}{2}}(\gamma)$, le produit φv est bien défini dans l'espace $H^{\frac{1}{2}}(\gamma)$. Pour $\psi \in \mathscr{D}(\gamma)$, on a :

$$\langle \partial_\tau(\varphi v), \psi \rangle = - \langle \varphi v, \partial_\tau \psi \rangle,$$

d'après (0.3-6), soit encore :

$$\langle \partial_\tau(\varphi v), \psi \rangle = - \langle v, \varphi \partial_\tau \psi \rangle.$$

En établissant la relation [triviale sur les fonctions de $\mathscr{D}(\gamma)$] :

$$\varphi \partial_\tau \psi = \partial_\tau(\varphi\psi) - \psi \partial_\tau \varphi ,$$

on obtient immédiatement (0.3-7). ■

Supposons que l'ouvert ω est simplement connexe, de sorte que sa frontière γ est connexe (cf. par exemple BERGER-GOSTIAUX [1972, p. 337], ainsi que pour tout ce qui concerne les courbes planes utilisé ci-après. La frontière γ est donc une variété de classe $\mathscr{C}^\infty$, connexe et compacte, de dimension 1 : on peut alors définir la longueur L de γ (nombre réel >0) et il existe une *abscisse curviligne* périodique, de période L, c'est-à-dire une application $\tilde{y}$ de classe $\mathscr{C}^\infty$ de $\mathbb{R}$ dans $\mathbb{R}^2$ (périodique de période L) telle que pour tout $a \in \mathbb{R}$, on ait :

(0.3-10) $$\tilde{y}([a,a+L[) = \gamma,$$

et vérifiant ($\|\cdot\|$ désignant la norme euclidienne de $\mathbb{R}^2$) :

(0.3-11) $$\|\tilde{y}'(t)\| = 1, \quad \forall t \in \mathbb{R}.$$

Dans ces conditions, le vecteur $\tilde{y}'(t)$ n'est autre que le vecteur unitaire tangent au point $\tilde{y}(t)$:

(0.3-12) $$\tilde{y}'(t) = \tau(y), \quad y = \tilde{y}(t).$$

Pour $s \geq 0$ réel, on peut définir les espaces $H^s(\gamma)$ par :

(0.3-13) $$v \in H^s(\gamma) \Leftrightarrow v \circ \tilde{y} \in H^s(I),$$

où I est un intervalle ouvert de longueur L : par localisation et partition de l'unité, il n'est pas difficile de voir que cette définition coïncide avec celles que nous avons données précédemment. De plus, la norme :

(0.3-14) $$\|v \circ \tilde{y}\|_{s,I},$$

est indépendante de l'intervalle ouvert I de longueur L (par périodicité de $\tilde{y}$) et définit une norme sur l'espace $H^s(\gamma)$, équivalente à la norme hilbertienne usuelle. En particulier, l'intervalle I étant fixé, l'application :

$$v \in H^s(\gamma) \mapsto v \circ \tilde{y} \in H^s(I),$$

est linéaire continue.

Dorénavant, nous supposerons que la frontière γ contient l'origine O de $\mathbb{R}^2$ (cas auquel on se ramène par translation) et pour $y \in \gamma$, $y \neq 0$, on appelle $\gamma(y)$ l'arc joignant O à y dans le sens direct (l'existence d'une abscisse curviligne donnant un sens non ambigu à cette définition) pour $y = 0$, nous poserons : $\gamma(0) = \gamma$.

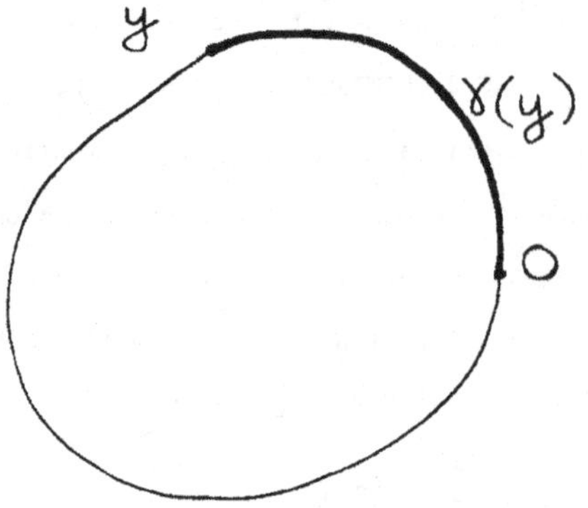

fig. 0.3-1

LEMME 0.3-3 : *Pour* $s \geq 0$, *l'application :*

$$v \mapsto \int_{\gamma(y)} v,$$

est linéaire continue du sous-espace fermé de l'espace $H^s(\gamma)$ *formé des éléments vérifiant :*

$$\int_\gamma v = 0, \tag{0.3-15}$$

dans l'espace $H^{s+1}(\gamma)$.

Démonstration : Tout d'abord, remarquons que le sous-espace de $H^s(\gamma)$ formé des éléments vérifiant (0.3-15) est fermé puisque c'est le noyau de la forme linéaire continue :

$$v \in H^s(\gamma) \mapsto \int_\gamma v.$$

La condition (0.3-15) assure que la fonction :

(0.3-16) $$V(y) = \int_{\gamma(y)} v,$$

est bien définie sur γ et d'après ce qui précède, il faut prouver que $V\circ\tilde{y}\in H^{s+1}(I)$ pour tout intervalle ouvert $I =]a,a+L[$. Or, la relation (0.3-16) s'écrit, avec $y = \tilde{y}(t)$:

$$V\circ\tilde{y}(t) = \int_0^t v\circ\tilde{y}(\sigma)d\sigma,$$

soit encore :

(0.3-17) $$V\circ\tilde{y}(t) = \int_a^t v\circ\tilde{y}(\sigma)d\sigma + V\circ\tilde{y}(a).$$

Puisque $v\circ\tilde{y}\in H^s(I)$, il est bien connu que $V\circ\tilde{y}$ (primitive de $v\circ\tilde{y}$) appartient à l'espace $H^{s+1}(I)$ et qu'au sens des distributions :

(0.3-18) $$\frac{d}{dt}(V\circ\tilde{y}) = v\circ\tilde{y},$$

(propriété liée à la *continuité absolue* de $V\circ\tilde{y}$). On conclut de (0.3-17) que

$$\|V\circ\tilde{y} - V\circ\tilde{y}(a)\|_{0,I} \leq \sqrt{L}\,\|v\circ\tilde{y}\|_{0,I},$$

et puisque, par périodicité, $|V\circ\tilde{y}(a)| \leq \underset{t\in[0,L[}{\mathrm{Max}} \left|\int_0^t v\circ\tilde{y}(\sigma)d\sigma\right|$, on a :

$$|V\circ\tilde{y}(a)| \leq \sqrt{L}\,\|v\circ\tilde{y}\|_{0,I},$$

de sorte que :

$$\|V\circ\tilde{y}(a)\|_{0,I} \leq L\|v\circ\tilde{y}\|_{0,I}.$$

Ainsi :

$$\|V\circ\tilde{y}\|_{0,I} \leq (L+\sqrt{L})\,\|v\circ\tilde{y}\|_{0,I}.$$

Avec (0.3-18), on déduit :

$$\|V\circ\tilde{y}\|_{s+1,I} \leq (1+\sqrt{L}+L)\,\|v\circ\tilde{y}\|_{s,I},$$

ce qui prouve la continuité de l'application $v \mapsto V$. ■

Pour terminer tout à fait, nous allons montrer que l'opérateur de dérivation tangentielle ∂_τ est "l'inverse" de l'opérateur $\int_{\gamma(y)} v$. De façon plus précise, si $v\in L^2(\gamma)$ vérifie $\int_\gamma v = 0$, alors :

(0.3-19) $$\partial_\tau \int_{\gamma(y)} v = v.$$

En effet, d'après le Lemme 0.3-3, on a :

$$v \in L^2(\gamma),\ \int_\gamma v = 0 \Rightarrow \int_{\gamma(y)} v \in H^s(\gamma).$$

La continuité de l'injection $H^1(\gamma) \hookrightarrow H^{\frac{1}{2}}(\gamma)$ et le Lemme 0.3-2 prouvent que l'application :

$$v \in \{w \in L^2(\gamma),\ \int_\gamma w = 0\} \longrightarrow \partial_\tau \int_{\gamma(y)} v,$$

est linéaire continue à valeurs dans l'espace $H^{-\frac{1}{2}}(\gamma)$. Or pour $v \in \mathscr{D}(\gamma)$ vérifiant $\int_\gamma v = 0$, on a :

$$\partial_\tau \int_{\gamma(y)} v = v.$$

Par densité de l'espace $\{v \in \mathscr{D}(\gamma) \,/\, \int_\gamma v = 0\}$ dans l'espace $\{v \in L^2(\gamma) \,/\, \int_\gamma v = 0\}$ (immédiate à établir en utilisant la densité de $\mathscr{D}(\gamma)$ dans $L^2(\gamma)$ et en associant à toute fonction $v \in \mathscr{D}(\gamma)$ la fonction $v - \theta \int_\gamma v$ où $\theta \in \mathscr{D}(\gamma)$ vérifie $\int_\gamma \theta = 1$), on conclut alors que

$$v = \partial_\tau \int_{\gamma(y)} v \text{ dans } H^{-\frac{1}{2}}(\gamma),$$

donc dans $\mathscr{D}'(\gamma)$.

Réciproquement, montrons que :

(0.3-20) $$\{v \in H^{\frac{1}{2}}(\gamma),\ \partial_\tau v = 0\} \Rightarrow v = C,$$

où C est une constante. La condition $\partial_\tau v = 0$ et la relation (0.3-6) permettent d'écrire :

(0.3-21) $$\langle v, \partial_\tau \varphi \rangle = 0,\ \forall \varphi \in \mathscr{D}(\gamma).$$

Si $\theta \in \mathscr{D}(\gamma)$ est une fonction vérifiant :

$$\int_\gamma \theta = s,$$

une fonction $\varphi \in \mathscr{D}(\gamma)$ quelconque s'écrit :

(0.3-22) $$\varphi = \psi + \theta \int_\gamma \varphi,$$

où $\psi \in \mathscr{D}(\gamma)$ vérifie :

$$\int_\gamma \psi = 0.$$

Par suite, la fonction :

$$\Psi = \int_{\gamma(y)} \psi,$$

est bien définie dans $\mathcal{D}(\gamma)$ et vérifie $\partial_\tau \Psi = \psi$ et (0.3-22) devient

$$\varphi = \partial_\tau \Psi + \theta \int_\gamma \varphi.$$

Avec (0.3-21), on obtient alors :

$$<v,\varphi> = <v,\theta> \left(\int_\gamma \varphi\right) = <C,\varphi>,$$

où $C = <v,\theta>$ est une constante et ceci prouve (0.3-20).

Comme conséquence de (0.3-20), on a :

(0.3-23) $$\{v \in H^{\frac{1}{2}}(\gamma),\ \partial_\tau v \in L^2(\gamma)\} \Rightarrow v = \int_{\gamma(y)} \partial_\tau v + C,$$

où C est une constante et en particulier :

(0.3-24) $$v \in H^1(\gamma)$$

En effet, pour $\partial_\tau v \in L^2(\gamma)$, on déduit du Lemme 0.3-3 que

$$V = \int_{\gamma(y)} \partial_\tau v \in H^1(\gamma),$$

et d'après (0.3-19) :

$$\partial_\tau V = \partial_\tau v.$$

Ainsi,

$$v - V \in H^{\frac{1}{2}}(\gamma),\ \partial_\tau (v-V) = 0,$$

et il découle de (0.3-20) que

$$v = V + C,$$

relation qui prouve (0.3-23) par définition de V et qui montre aussi (0.3-24) puisque $V \in H^1(\gamma)$.

COMMENTAIRES BIBLIOGRAPHIQUES

Certaines des références qui suivent ont déjà été citées dans le texte ; d'autres sont nouvelles. Les références données ne sont en aucune façon exhaustives.

Pour des compléments sur le modèle tridimensionnel de l'élasticité non linéaire, on pourra se référer notamment à GERMAIN [1972], GREEN et ZERNA [1968], TRUESDELL et NOLL [1965], VALID [1977], WANG et TRUESDELL [1973], WASHIZU [1975]. En ce qui concerne l'existence de solutions, l'approche du Théorème 1.2-1 se retrouve dans CIARLET et DESTUYNDER [1979b], MARSDEN et HUGHES [1978], Sect. 8. Une autre approche très prometteuse est celle de BALL [1977]. Voir également ODEN [1979].

L'utilisation de la méthode des développements asymptotiques pour justifier les modèles bidimensionnels de plaques a déjà été utilisée dans le cas linéaire par GOL'DENVEIZER [1962], FRIEDRICHS et DRESSLER [1961], CIARLET et DESTUYNDER [1979a]. Dans ce cas (où, naturellement, on peut établir l'existence d'une solution du modèle tridimensionnel), DESTUYNDER [1980] a même donné des résultats précis de convergence et d'estimations d'erreur (entre les solutions tridimensionnelles et bidimensionnelles), en adaptant les méthodes de LIONS [1973]. Cette méthode a été appliquée également avec succès au problème de valeurs propres par CIARLET et KESAVAN [1979, 1980].

Une première application à un modèle non linéaire de plaques a été donnée par CIARLET et DESTUYNDER [1979b], dans le cas d'une plaque encastrée. L'application au modèle de von Kármán considéré ici est dûe à CIARLET [1979-1980].

Il existe de très nombreuses références sur les équations de von Kármán, introduites pour la première fois par von KÁRMÁN [1910]. Du point de vue de la Mécanique, ces équations sont étudiées dans NOVOZHILOV [1953], STOKER [1968], TIMOSHENKO et WOINOWSKY-KRIEGER [1959], WASHIZU [1975]. Pour l'étude des questions d'existence, on se reportera à BERGER [1967, 1977], DUVAUT et LIONS [1974], HLAVÁČEK et NAUMANN [1974, 1975], JOHN et NEČAS [1975], KNIGHTLY [1967], LIONS [1969], NEČAS et NAUMANN [1974]. La démarche présentée ici, qui est celle de RABIER [1979], semble nouvelle. Pour la régularité, on a suivi LIONS [1969]. La non-unicité de la solution est considérée dans KNIGHTLY et SATHER [1970].

On trouvera des résultats généraux sur la bifurcation dans CRANDALL et RABINOWITZ [1970], RABINOWITZ [1975], qui adoptent le point de vue du degré topologique. La méthode de Lyapunov-Schmidt est décrite dans BERGER et WESTREICH [1973], VAINBERG et TRENOGIN [1962]. Pour une approche de la bifurcation par le lemme de Morse, voir FUJII et YAMAGUTI [1978], NIRENBERG [1974]. Diverses applications à l'élasticité non linéaire sont données par ANTMAN [1978], POTIER-FERRY [1978].

La bifurcation perturbée a été étudiée en général, mais parfois de façon formelle, par KEENER et KELLER [1973], MATKOWSKY et REISS [1977]. L'approche considérée ici est un cas particulier de l'approche générale de RABIER [1980]. Pour les liens avec la théorie des catastrophes, voir CHOW, HALE et MALLET-PARET [1975], GOLUBITSKY et SHAEFFER [1978], THOM [1968], ZEEMAN [1976]. Pour les questions d'échange de stabilité, voir FUJII et YAMAGUTI [1978], SATTINGER [1973].

Le cas des plaques circulaires est considéré par FRIEDRICHS et STOKER [1942], KELLER, KELLER et REISS [1962], RABIER [1980], WOLKOWISKY [1967] ; celui des plaques rectangulaires par BAUER et REISS [1965], TAYLOR [1933], MATKOWSKY, PUTNICK et REISS [1980], ces derniers considérant également la bifurcation "secondaire". Pour d'"autres" nonlinéarités, voir DUVAUT et LIONS [1974] (problèmes unilatériaux), MIGNOT et PUEL [1980] (prise en compte de l'élastoplasticité).

Pour l'approximation numérique des équations de von Kármán, on consultera BREZZI [1978], BREZZI et FUJII [1978], BREZZI, RAVIART et RAPPAZ [1980], KESAVAN [1979a, 1979b, 1980], MIYOSHI [1976], REINHART [1980].

REFERENCES

ADAMS, R.A. [1975] : *Sobolev Spaces*, Academic Press, New York.

AGMON, S. ; DOUGLIS, A. ; NIRENBERG, L. [1959] : Estimates near the boundary for solutions of elliptic partial differential equations satisfying general boundary conditions I, Comm. Pure Appl. Math. 12, 623-727.

AGMON, S. ; DOUGLIS, A. ; NIRENBERG, L. [1964] : Estimates near the boundary for solutions of elliptic partial differential equations satisfying general boundary condition II, Comm. Pure Appl. Math. 17, 35-92.

ANTMAN, S.S. [1978] : Buckled states of nonlinearly elastic plates, Arch. Rational Mech. Anal. 67, 111-149.

BALL, J.M. [1977] : Convexity conditions and existence theorems in nonlinear elasticity, Arch. Rational Mech. Anal. 63, 337-403.

BAUER, L. ; REISS, E.L. [1965] : Nonlinear buckling of rectangular plates, SIAM J. Appl. Math. 13, 603-626.

BERGER, M.S. [1967] : On von Kármán equations and the buckling of a thin elastic plate, Comm. Pure Appl. Math. 20, 687-718.

BERGER, M.S. [1977] : *Nonlinearity and Functional Analysis*, Academic Press, New York.

BERGER, M. ; GOSTIAUX, B. [1972] : *Géométrie Différentielle*, Armand Colin, Paris.

BERGER, M.S. ; WEISTREICH, D. [1973] : A convergent iteration scheme for bifurcation theory on Banach space, J. Math. Anal. Appl. 43, 136-144.

BREZZI, F. [1978] : Finite element approximations of the von Kármán equations, RAIRO Analyse Numérique 12, 303-312.

BREZZI, F. ; FUJII, H. [1978] : Mixed finite element approximations of the von Kármán equations, Proceedings of the Fourth LIBLICE Conference on Basic Problems of Numerical Analysis, Plzeň.

BREZZI, F. ; RAVIART, P.A. ; RAPPAZ, J. [1980] : Finite dimensional approximation of nonlinear problems, Part I : Branches of nonsingular solutions, à paraître.

CARTAN, H. [1967] : *Formes Différentielles*, Hermann, Paris.

CEA, J. [1971] : *Optimisation, Théorie et Algorithmes*, Dunod, Paris.

CHOW, S. ; HALE, J. ; MALLET-PARET, J. [1975] : Application of generic bifurcation theory I, Arch. Rational Mech. Anal. 59, 159-188.

CIARLET, P.G. [1979] : Une justification des équations de von Kármán, C.R. Acad. Sci. Paris Sér. A 288, 469-472.

CIARLET, P.G. [1980] : A justification of the von Kármán equations, Arch. Rational Mech. Anal., à paraître.

CIARLET, P.G. ; DESTUYNDER, P. [1979a] : A justification of the two-dimensional linear plate model, J. Mécanique 18, 315-344.

CIARLET, P.G. ; DESTUYNDER, P. [1979b] : A justification of a nonlinear model in plate theory, Comput. Methods Appl. Mech. Engrg. 17/18, 227-258.

CIARLET, P.G. ; KESAVAN, S. [1979] : Approximation bidimensionnelle du problème de valeurs propres pour une plaque, C.R. Acad. Sci. Paris Sér. A, 289, 579-582.

CIARLET, P.G. ; KESAVAN, S. [1980] : Two-dimensional approximations of three-dimensional eigenvalue problems in plate theory, à paraître.

CRANDALL, M.G. ; RABINOWITZ, P.H. [1970] : Nonlinear Sturm-Liouville eigenvalue problems and topological degree, J. Math. Mech. 19, 1083-1102.

CROUZEIX, J.P. [1977] : *Contribution à l'Etude des Fonctions Quasiconvexes*, Thèse, Université de Clermont-Ferrand.

DENY, J. ; LIONS, J.-L. [1954] : Les espaces du type de Beppo-Levi, Ann. Institut Fourier (Grenoble) V, 305-370.

DESTUYNDER, P. [1980] : *Sur une Justification Mathématique des Théories de Plaques et de Coques en Elasticité Linéaire*, Thèse, Université Pierre et Marie Curie.

DUVAUT, G. ; LIONS, J.-L. [1972] : *Les Inéquations en Mécanique et en Physique*, Dunod, Paris.

DUVAUT, G. ; LIONS, J.-L. [1974] : Problèmes unilatéraux dans la théorie de la flexion forte des plaques, J. Mécanique 13, 51-74.

EKELAND, I. ; TEMAM, R. [1974] : *Analyse COnvexe et Problèmes Variationnels*, Dunod, Paris.

FRIEDRICHS, K.O. ; DRESSLER, R.F. [1961] : A boundary-layer theory for elastic plates, Comm. Pure Appl. Math. 14, 1-33.

FRIEDRICHS, K.O. ; STOKER, J.J. [1942] : Buckling of the circular plate beyond the critical thrust, J. Appl. Mech. 9, A7-A14.

FUJII, H. ; YAMAGUTI, M. [1978] : Structure of singularities and its numerical realisation in nonlinear elasticity, Research Report KSU/ICS 78-06, Kyoto-Sangyo University.

GERMAIN, P. [1972] : *Mécanique des Milieux Continus*, Tome 1, Masson, Paris.

GEYMONAT, G. [1965] : Sui problemi ai limiti per i sistemi lineari ellitici, Ann. Mat. Pura Appl. 69, 207-284.

GOL'DENVEIZER, A.L. [1962] : Derivation of an approximate theory of bending of a plate by the method of asymptotic integration of the equations of the theory of elasticity, Prikl. Mat. Mech. 26, 668-686 (traduction anglaise : P.M.M. (1964), 1000-1025).

GOLUBITSKY, M. ; SHAEFFER, D. [1978] : A theory for imperfect bifurcation via singularity theory, Comm. Pure Appl. Math. 32, 21-98.

GREEN, A.E. ; ZERNA, W. [1968] : *Theoretical Elasticity*, University Press, Oxford.

HLAVÁČEK, I. ; NAUMANN, J. [1974] : Inhomogeneous boundary value problems for the von Kármán equations I, Aplikace Matematiky 19, 253-269.

HLAVÁČEK, I. ; NAUMANN, J. [1975] : Inhomogeneous boundary value problems for the von Kármán equations II, Aplikace Matematiky 20, 280-297.

JOHN, O. ; NEČAS, J. [1975] : On the solvability of von Kármán equations, Aplikace Matematiky 20, 48-62.

von KÁRMÁN [1910] : Festigkeitsprobleme im Maschinenbau, *Encyklopädie der Mathematischen Wissenschaften*, Vol. IV/4C, pp. 311-385, Leipzig.

KEENER, J.P. ; KELLER, H.B. [1973] : Perturbed bifurcation theory, Arch. Rational Mech. Anal. 50, 159-175.

KELLER, H.B. ; KELLER, J.B. ; REISS, E. [1962] : Buckled states of circular plates, Quart. J. Appl. Math. 20, 55-65.

KESAVAN, S. [1979a] : *Sur l'Approximation de Problèmes Linéaires et Non-Linéaires de Valeurs Propres*, Thèse, Université Pierre et Marie Curie.

KESAVAN, S. [1979b] : La méthode de Kikuchi appliquée aux équations de von Kármán, Numer. Math. 32, 209-232.

KESAVAN, S. [1980] : Une méthode d'éléments finis mixte pour les équations de von Karman, RAIRO Analyse Numérique 14, 149-173.

KNIGHTLY, G.H. [1967] : An existence theorem for the von Kármán equations, Arch. Rational Mech. Anal. 27, 233-242.

KNIGHTLY, G.H. ; SATHER, D. [1970] : On nonuniqueness of solutions of the von Kármán equations, Arch. Rational Mech. Anal. 36, 65-78.

KRASNOSEL'SKII, M.A. [1964] : *Topological Methods in the Theory of Nonlinear Integral Equations*, Pergamon Press, New York.

LIONS, J.-L. [1969] : *Quelques Méthodes de Résolution des Problèmes aux Limites Non Linéaires*, Dunod, Paris.

LIONS; J.-L. [1973] : *Perturbations Singulières dans les Problèmes aux Limites et en Contrôle Optimal*, Lecture Notes in Mathematics, vol. 323, Springer-Verlag, Berlin.

LIONS, J.-L. ; MAGENES, E. [1968] : *Problèmes aux Limites Non Homogènes et Applications*, Tome 1, Dunod, Paris.

MARSDEN, J.E. ; HUGHES, T.J.R. [1978] : Topics in the mathematical foundations of elasticity, *Nonlinear Analysis and Mechanics : Heriot-Watt Symposium*, Vol. 2, pp. 30-285, Pitman, London.

MATKOWSKY, B.J. ; PUTNICK, L.J. ; REISS, E.L. [1980] : Secondary states of rectangular plates, SIAM J. Appl. Math. 38, 38-51.

MATKOWSKY, B.J. ; REISS, E.L. [1977] : Singular perturbations of bifurcations, SIAM J. Appl. Math. 33, 230-255.

MEISTERS, G.H. ; OLECH, C. [1963] : Locally one-to-one mappings and a classical theorem on Schlicht functions, Duke Math. J. 30, 63-80.

MIGNOT, F. ; PUEL, J.P. [1980] : Flambage des plaques élastoplastiques, à paraître.

MIYOSHI, T. [1976] : A mixed finite element method for the solution of the von Kármán equations, Numer. Math. 26, 255-269.

NEČAS, J. ; [1967] : *Les Méthodes Directes en Théorie des Equations Elliptiques*, Masson, Paris.

NEČAS, J. ; NAUMANN, J. [1974] : On a boundary value problem in nonlinear theory of thin elastic plates, Aplikace Matematiky 19, 7-16.

NIRENBERG, L. [1974] : *Topics in Nonlinear Functional Analysis*, Lecture Notes, Courant Institute, New York.

NOVOZHILOV, V.V. [1953] : *Foundation of the Nonlinear Theory of Elasticity*, Graylock.

ODEN, J.T. [1979] : Existence theorems for a class of problems in nonlinear elasticity, J. Math. Anal. Appl. 69, 51-83.

POTIER-FERRY, M. [1978] : *Fondements Mathématiques de la Théorie de la Stabilité Elastique*, Thèse, Université Pierre et Marie Curie.

RABIER, P. [1979] : Résultats d'existence dans des modèles non linéaires de plaques, C.R. Acad. Sci. Paris Sér. A, 515-518.

RABIER, P. [1980] : *Contributions à l'Etude de Problèmes Non Linéaires*, Thèse, Université Pierre et Marie Curie, Paris.

RABINOWITZ, P.H. [1975] : *Théorie du Degré Topologique et Application à des Problèmes aux Limites Non Linéaires* (rédigé par H. BERESTYCKI), publication 75010 du Laboratoire d'Analyse Numérique, Université de Paris VI, Paris.

REINHART, L. [1980] : *Résolution Numérique de Problèmes aux Limites Non Linéaires par des Méthodes de Continuation*, Thèse de 3ème Cycle, Université Pierre et Marie Curie.

SATTINGER [1973] : *Topics in Stability and Bifurcation Theory*, Lecture Notes in Mathematics, Vol. 309, Springer-Verlag, Berlin.

SCHWARTZ, L. [1966] : *Théorie des Distributions*, Hermann, Paris.

STOKER, J.J. [1968] : *Nonlinear Elasticity*, Gordon and Breach, New York.

TAYLOR, G.I. [1933] : The buckling load for a rectangular plate with four clamped edges, Z. Angew. Math. Mech. 13, 147-152.

TEMAM, R. [1977] : *Navier-Stokes Equations*, North-Holland, Amsterdam.

THOM, R. [1968] : Topological methods in biology, Topology 8, 313-335.

TIMOSHENKO, S. ; WOINOWSKY-KRIEGER, W. [1959] : *Theory of Plates and Shells*, McGraw-Hill.

TRUESDELL, C. ; NOLL, W. [1965] : *The Non-linear Field Theories of Mechanics, Handbuch der Physik*, vol. III/3, Springer, Berlin.

VAINBERG, M. ; TRENOGIN, V. [1962] : The method of Lyapunov and Schmidt in the theory of nonlinear differential equations and their further developments, Russian Math. Surveys 17, 1-60.

VALID, R. [1977] : *La Mécanique des Milieux Continus et le Calcul des Structures*, Eyrolles, Paris.

WANG, C.-C. ; TRUESDELL [1973] : *Introduction to Rational Elasticity*, Noordhoff, Groningen.

WASHIZU, K. [1975] : *Variational Methods in Elasticity and Plasticity* (2ème ed.), Pergamon, Oxford.

WOLKOWISKY, J.H. [1967] : Existence of buckled states of circular plates, Comm. Pure Appl. Math. 20, 549-560.

ZEEMAN, E.C. [1976] : *Euler Buckling, Structural Stability, the Theory of Catastrophes and Applications in the Sciences*, Lecture Notes in Mathematics, Vol. 525, Springer-Verlag, Berlin.

INDEX